水产致富技术丛书

SHUICHAN ZHIFU JISHU CONGSHU

水蛭

高效养殖技术

占家智 羊 茜 编著

化学工业出版社

·北京·

本书在介绍水蛭的市场前景、生物学特性和药用价值的基础上，系统地介绍了水蛭的引种与繁育、饵料与来源、水蛭的各种养殖方法及管理措施、水蛭的病害防治技巧、水蛭的采收与加工等内容，重点对水蛭的养殖方法展开阐述，内容科学实用，通俗易懂，可供农技人员、水产专业户，尤其是水蛭养殖人员阅读参考。

图书在版编目（CIP）数据

水蛭高效养殖技术/占家智，羊茜编著. —北京：
化学工业出版社，2012.8（2023.5 重印）
（水产致富技术丛书）
ISBN 978-7-122-15001-1

Ⅰ.①水…　Ⅱ.①占…②羊…　Ⅲ.①水蛭-饲养管理
Ⅳ.①S865.9

中国版本图书馆 CIP 数据核字（2012）第 173750 号

责任编辑：李　丽　　　　　　　装帧设计：史利平
责任校对：王素芹

出版发行：化学工业出版社（北京市东城区青年湖南街 13 号　邮政编码 100011）
印　　刷：北京云浩印刷有限责任公司
装　　订：三河市振勇印装有限公司
850mm×1168mm　1/32　印张 7　字数 147 千字
2023 年 5 月北京第 1 版第 15 次印刷

购书咨询：010-64518888
售后服务：010-64518899
网　　址：http://www.cip.com.cn
凡购买本书，如有缺损质量问题，本社销售中心负责调换。

定　　价：23.00 元　　　　　　　　　　版权所有　违者必究

前　言

　　水蛭一直是医学应用上的一个宝，药用价值非常高，它的体内含有水蛭素和 17 种氨基酸，是国内外市场很走俏的药材之一。随着人们对医药需求量的不断增加，人们对水蛭的需求量也逐年上升，而长期依赖的野生资源由于不断地被捕捉，加上水蛭赖以生存的环境受到严重污染，农药、化肥的过度使用以及受到干旱的影响，野生药用水蛭的数量越来越少，远远不能满足医药及出口需求，这就为人工养殖水蛭提供了较为广阔的空间。

　　人工养殖水蛭是占地少、投资小、见效快、效益高的一条致富门路，而且具有养殖模式多样化、一年投入多年收益的优点，适合农村水域条件充足的地区作为优势项目来发展。

　　应化学工业出版社的邀请，我们在一些水蛭养殖户、水产专家的支持帮助下，经过共同努力，编写了本书，在编写过程中，我们紧紧围绕水蛭养殖的可行性、必要性、技术性，力求理论联系实际，深入浅出，突出养殖的实用性和可操作性。本书在简要介绍了水蛭的市场前景和它的生物学特性后，系统地介绍了水蛭的引种与繁育、饵料与来源、水蛭的各种养殖方法及管理措施、水蛭的病害防治技巧、水蛭的采收与加工等内容，重点对水蛭的养殖方法展开阐述，内容科学实用，通俗易懂，使本书更具有可读性和指导性强的特点。

在编写过程中我们参阅了国内一些专家学者出版的部分图书资料，也请教了一些水蛭养殖专业户，一些网友也惠赠了部分精美的图片，在此向他们表示诚挚的谢意！由于作者水平有限，书中难免有不足之处，恳请读者朋友指正为盼！

占家智

2012 年 7 月

目　　录

第一章 概 述

水蛭是蛭纲动物的统称，就是我们常见的蚂蟥，它又叫马鳖、肉钻子、水痴马鳖，和蚯蚓很相似，也是一种环节动物。水蛭给我们印象最深的就是那软软的身体紧紧地叮在人的大腿上，一会儿工夫就吸足了人的血液，即使它吃饱喝足了，也不肯从人的身上下来，用手去取下它时，它的身子能被拖成长长的线状，而嘴巴却仍然紧紧地叮在人的身上，确实让人恶心、让人毛骨悚然。

但就是这种让人看到不开心的小东西，长期以来却是一个宝，尤其是医学应用上的一个宝。随着人们对医药需求的不断增加，人们对水蛭的需求量也年年上升，而长期依赖的野生资源在不断地被捕捉的情况下，加上水蛭赖以生存的环境受到严重污染，农药、化肥的过度使用以及受干旱的影响，野生药用水蛭的数量越来越少，已经渐渐枯竭了，远远不能满足医药及出口需求，这就为人工养殖水蛭提供了较为广阔的空间。为了满足市场的需求，也是为了广大农民发家致富的需要，从目前来看，人工养殖水蛭应该是投资少、见效快、效益高的一条致富门路。

>>>

第一节 水蛭的市场前景

我国对水蛭人工养殖，起步于 20 世纪 80 年代后期，但当时缺乏对水蛭的生态学和生物知识研究，因而养殖效益不是太显著。自 1990 年以后，人们对水蛭的生活习惯、食性、生殖、生态等进行了较全面系统的研究观察，初步解决了人工养殖的食料、生长发育环境和冬眠等一系列问题，使水蛭养殖有了初步的发展。纵观水蛭的价值和目前野生资源的现状，水蛭的市场前景是非常广阔的。

一、野生资源不断减少，需要人工养殖来补充

水蛭适应性强，在各类水域中都有分布，只要在有水的地方，几乎都能看到水蛭，因此它们的资源原本是相当丰富的，但近年来，由于过度捕捞，加上大量施用对水蛭有害的农药和耕作制度的改变，天然水域里水蛭资源逐年减少，与此同时，由于天然捕捞量逐年下降，而市场对水蛭的需求量却逐渐上升，又加剧了对天然水蛭资源的掠夺，由此形成恶性循环，对生态造成了极大的破坏。导致水蛭的缺口非常大，这就给人工养殖水蛭提供了机会。

二、水蛭国内市场供不应求

由于水蛭有特殊的药用功效，它广泛用于医药、保健用品、化妆用品、食用等领域，特别是近 20 年以来，随着科技的发展，对水蛭的医学研究和中成药工业生产的大力开发，水蛭的社会需求量年年猛增，由 1984 年年需 20 吨，达到目前年需 250 吨左右，其中中成药工业的河北、河南、陕西、山西、黑龙江等几大药业需求高达 220 吨左右。据 1998 年 12 月 6 日《中国畜牧水产消息报》报道，1997 年国内外对水蛭干品的总需求量达 850 吨以上，实际供货量仅为 550 吨，尚有 300 吨缺口。光依靠野生资源是无法满足要求的，因此现在养殖水蛭的商机是比较大的。预计在未来数年内，水蛭市场仍将保持供不应求的状态，

市场空间巨大。

三、国外市场也很紧缺

水蛭是一种宝贵的药用资源，在医学上具有多种药用功能，是很有开发价值的动物性中药材。随着世界性人口老龄化的发展，心脑血管病人增多（高血压、心脏病、脑血栓发病率占人群的 2％～5％），对水蛭的需求量将会进一步增加。突出表现就是欧美消费市场也非常广阔，近年来，日本、朝鲜、东南亚各国也从我国大量进口水蛭，这也是造成国内水蛭市场紧缺，价格上涨的诱因之一。

四、自然资源逐年萎缩

根据水蛭的性状，我国可药用的水蛭基本上分布在北纬 25°～38°之间，主要集中在山东、江苏、安徽、湖北、湖南、浙江部分湖泊和河汊的浅水区。其中先开发的山东、湖北、湖南、安徽等地的资源基本枯竭，如微山湖历史最高年产量 120 吨，现如今仅可产在 10 吨以下。纵观全国的资源，也呈下降的趋势，例如全国水蛭最高年产量曾经达到惊人的 450 吨，但是近几年来，全年总产量一直维持在 150 吨左右，而全年需求量在 250 吨以上。水蛭由于资源有限，又年年过度捕捞，已经到了产不足需的时候，而且今后的产量将会一年比一年减少，因此养殖水蛭是大有前景的。

五、养殖水蛭的技术简单

由于水蛭的耐饥能力强，加上它具有极强的抗病能力，在池塘、湖泊、河流、水库、稻田等各种淡水水域中都能生存、繁衍，养殖技术也不难学，而且养殖水蛭的投资可大可小，可以从几百到上千甚至上万，人工饲养可用水泥池养殖、池塘养殖、稻田养殖、坑塘养殖等多种方式。饲料以水中浮游生物、小昆虫、田螺、蝌蚪、动物血块、蚯蚓、泥土的腐殖质等为食物，每周投喂一次即可。另外它们的生长期短，资金周转快，方法简便、管理粗放、劳动强度小、适应性广、饲料回报率高。养殖户可以根据自身条件，因地制宜，只要做到科学管理，量力而行选择适合自己的养殖方式进行养殖都能获得较高的回报，确是农村养殖致富的一条好门路。

六、人工养殖仍然满足不了需求

随着水蛭药用功能不断地被医学工作者开发出来，水蛭在中医和西医的使用量上日益增多，价格也逐步上涨，因此作为一种商机，人工养殖水蛭也被提上日程。目前欧洲已经出现了多家专门从事水蛭养殖、销售、制药的公司，年饲养量可达100万余条，但仍然满足不了他们本地市场的需求；日本自从1998年开始，就从我国大量进口水蛭，而且年进口量逐年递增，主要用于医学研究和临床应用。加上我国中医上就把水蛭作为传统的中药材之一，它的需求量非常大，而国内的养殖量和欧洲的养殖量都远远满足不了市场的需求，因此说，人工养殖水蛭有非常大的市场空间。

从今后医药市场发展分析来看，水蛭的紧缺状况短期内难以缓解，供需矛盾越来越大，靠自然资源的再生，目前也无法解决这一矛盾。为了弥补这一自然资源的短缺，保护珍贵而有限的野生资源，人工养殖水蛭势在必行。巨大的市场需求，为人工养殖水蛭营造了广阔的市场前景。可以预料，水蛭的人工养殖作为一种时尚的新兴产业，将在全国各地蓬勃兴起。

第二节　水蛭发展的制约因素及对策

任何一种养殖都可能存在风险，水蛭作为一种新兴的水产养殖品种，它也有一定的风险，也有制约它快速发展的因素。

根据我们的分析，认为目前水蛭养殖的制约因素包括市场因素、技术因素和苗种来源上的因素等多种。

一、市场因素

销路是引种的前提，特种养殖由于其"特"决定了其销路之"窄"。作为一项新兴的养殖业，水蛭的发展还是受到市场因素的制约的。虽然水蛭紧缺，但市场并非敞开收购，药商以自己的销路为前提收购，各级药材站也是根据去年医院的用量以销定购，这就使很多人对水蛭的市场把握不准，最终低价出售。

作为成品水蛭的收购单位，目前全国适宜水蛭销售的市场主要有河北省安国药材交易中心、河南省禹州中药材交易市场、安徽亳州中药材交易市场、山东鄄城的禹王城中药材交易市场、江西的樟树中药材交易市场、成都的荷花池中药材交易市场等地。全国各地的中药厂、药店及中药院也是水蛭销售的一个渠道，各地的药材公司也收购水蛭。引种户一定要到药市亲自考察了解一下实际情况，再寻找一个可靠的合作伙伴，这是特养致富的关键之关键。卖给谁？你能回答这个问题了，你就可以引种了。

二、引种因素

首先是引种的品种问题，虽然水蛭的品种很多，但人工可养殖的水蛭品种是金线蛭，它是宽体金线蛭、光润金线蛭和尖细金线蛭的统称，最适宜人工养殖的只有宽体金线蛭，其他的品种效益并不是太好，因此在引种时要加以鉴别。

其次是引种的效益问题，由于行情的攀升，水蛭确实成了低投高效的养殖项目，但绝非一本万利，也并不是效益都非常好。通常可见到一些所谓的技术公司和专家就忽悠养殖户，用一些养殖效益不好的苗种来冒充是优质的或是提纯的良种，结果导致养殖户损失惨重。

这里有个数据比较，一般情况下，1 亩水蛭可以产出干品 80～100 千克，大多数养殖户最终售出价格为 140 元/千克左右，因此 1 亩地收入最多也就在 1.4 万元，除去苗种、人员工资、土地租赁和饲料成本外，纯收入也就几千元，远远不像一些炒卖苗种单位所说的那样暴利。

例如有某个水蛭种苗销售单位在某报上说，养 100 米²（即 1/6 亩）可获水蛭干品 80 千克。按亩算，其效益是 12 万元。在这种诱人利润的幌子下，他们把苗种价格炒得惊人得高，达到了 5～6 元/条，是商品价（每条 0.3 元）的 20 倍。

再次是引种的规格问题，水蛭在生长 2 年以上才有繁殖能力，因此当它的体重在 20 克以下时最好不要引，15 克以下的绝不用；另外在 6 月份以后不要引种，以免引进已排过卵的蛭或幼蛭，使当年不见效益。

最后就是遇到炒种的问题，由于水蛭的优质苗种相对比较难得，因此一些机构就会利用人们发家致富的美好愿望来进行炒种，它们的炒种手段主要有这几种，一是他们租借某些县（市）科技大楼（厦）某层某间房屋，大打各种招牌广告，如某某科技公司、某某有限责任公司等，由于这些投机者一方面借"名"生财，租借政府部门的科技楼作为办公地点，更具有隐蔽性和欺骗性，往往给养殖户带来一种假象："那是政府办的，假不了！"大大损坏了政府部门的形象，也大大伤害了农民兄弟的致富心情；另一方面，由于这些地方交通便利易寻，因而上当的人特别多。其实，这些皮包公司根本没有试验场地和养殖基地，仅租借几间办公室，几张办公桌，一部电话，故意摆些图片、画册、宣传材料来迷惑客户。一旦部分精明的客户提出到现场（或养殖基地）参观访问，他们往往推诿时间太紧、人手太忙或养殖基地太远，不太方便，或者他们就带你东逛西逛到某一私人养殖场，东点点，西指指，俨然他是这里的大老板。更有甚者，一旦进入他的势力范围，立马变脸，不放点血别想走人。二是这些炒种单位会自编小报，到处邮寄，相当部分内容自吹自擂，言不由衷，水分极大。三是有些人为了牟取暴利，以次充好，利用养殖户求富心切，对特种养殖业的品种、质量认识不足且养殖水平较低的现象，趁机把劣质品种改名换姓为优良品种，或将商品充当苗种让养殖户引种，大肆出售且高价出售，给养殖户造成极大的经济损失。四是假技术，这些炒种单位一般都是由几个人拼凑而成，根本不懂专业技术，更谈不上专业人才及优秀的大学毕业生作为技术后盾，不可能提供实用的种养殖技术，他的技术资料纯粹是从各类专业杂志上拼凑或书籍上摘抄的，胡吹乱侃，胡编乱造，目的是倒种卖种，进行高价炒作苗种。五是包回收，他们常常利用"你养殖，我回收"来忽悠养殖户，其实他们也知道水蛭正常的养殖周期是多长，他们会在水蛭集中上市时会突然玩"人间蒸发"，导致养殖户的产品积压在手中。

因此我们建议初养的养殖户可以采取步步为营的方式，用自培自育的苗种来养殖，慢慢扩大养殖面积，效果最好，可以有效地减少损失。

三、技术因素

作为一种特种养殖品种，过去缺乏这方面的经验和技术，加上它的开发养殖时间也不长，因此它的人工养殖技术上并不是非常成熟，特别是在人工高密度养殖时，由于它们的放养密度大，对饵料和空间的要求也大，如果养殖技术不过关，例如喂养、防病治病等技术不过关，都会导致养殖失败。因此，在实施养殖之前，最好能学习相关技术，要了解水蛭养殖的动态及供求信息，掌握水蛭的养殖技术，学会对水蛭的初加工方法，懂得经济核算，然后少量试养，待充分掌握技术之后，再大规模工厂化养殖。心中无底，切莫盲动，切莫听信"房前挖个水沟就是 1 万元"的鬼话。至于水蛭素的提取和应用，除了医疗研究机构，绝非一般养殖户所能为，至于什么"无水速生蛭"养殖技术等更是凭空而出，不可相信。只有把技术学到手了，才不至于打无把握之仗，确保养殖能成功，销售有渠道，从而获得比较理想的经济效益和社会效益。

四、发展水蛭养殖业的对策

首先做好相应的知识储备，这是科学养殖水蛭必须具备的条件。对于那些条件较好的地区，计划从事水蛭养殖业的人员，最好要参加学习培训，在掌握一定理论知识的基础上，再到养殖场实地参观学习，经过自己深入调查研

8

究，然后再动手养殖，尽量避免盲目性，减少不必要的经济损失。任何一项养殖业的兴起、巩固和发展，都必须依靠科学技术。因此，首要的准备工作是培训人才，用科学知识武装自己的头脑，其他问题才能迎刃而解，才能做到少花钱、多办事、办好事，确保水蛭养殖成功。

其次是是因地制宜，根据各地的具体气候和水域条件，充分利用现有的适合水蛭养殖的池塘，节省建设投入，减少投入风险。千万不要一时心血来潮、头脑发热，随便跟风养殖，应在养殖前进行项目可行性分析，了解自己的条件和资金，否则可能导致失败。

第三就是充分发挥肥料的作用，积极培肥水质，为水蛭提供天然饵料。但是要控制肥料施用的质量和次数，确保水质适度，饵料丰富，但是也不宜过肥，否则容易造成水蛭缺氧，从而影响它的生长发育。

第四就是合理饲喂，提高饲料利用率，积极利用地方的天然饵料资源。养殖水蛭数量少的一般养殖户，基本上不用花钱就能解决。但大型的水蛭养殖场则应考虑养殖水蛭食用的活食，或准备动物血等。刚下池时应及时给水蛭幼苗投喂适合的饲料，如轮虫、小型浮游植物等。水蛭能自己摄食水中微生物和动植物碎屑时，可将米糠、麸皮等植物粗粮与螺蚌、水蚯蚓等动物性饲料拌和投喂。同时可利用房前屋后大力培育水蚯蚓、水蚤等活饵料。

第五要有合适的苗种来源，水蛭的种源可以野外采集也可以购买，野外采集要注意品种选择，防止品种混杂和没有经济价值的水蛭混入。目前市场上出售的种水蛭，质量差异较大，有按条出售的，有按重量出售的，价格也不一样，养殖户在购买时要慎重考虑、选择。

第六就是做好水蛭病害的防治工作，尤其要注意预防疾病，一方面可以促使水蛭健康成长，另一方面遵循水蛭的生态习性或水蛭的生病规律，做好疾病的预防工作，在水蛭生病后，不要盲目用药或乱用药，这样就可以有效地减少疾病所带来的损失，养殖户要牢记一个观念，"没有伤亡就是最高的产量"，只有成活率提高了，产量才能得到保证。

第三节 水蛭的药用价值

一、水蛭的性味和成分

水蛭是一种国内外紧俏的名贵中药材原料，性平，有小毒。水蛭的成分中主要是蛋白质，并含有 17 种氨基酸，以谷氨酸、天门冬氨酸、亮氨酸、赖氨酸和缬氨酸含量较高。其中人体必需氨基酸 7 种，占总氨基酸含量的 39%以上，氨基酸总含量约占水蛭的 49%以上。此外，水蛭还含肝素、抗凝血酶。此外，水蛭还含有人体必需的常量元素钠、钾、钙、镁等，并且含量较高。除了常量元素外，还含有铁、锰、锌、硅、铝等共 28 种微量元素。

二、水蛭的药用价值

现代中医药典中认为水蛭具有破血通经、消积散瘀、消肿解毒和堕胎的功效，1986 年，在全国活血化瘀学术报告中水蛭被确定为 35 种活血化瘀的中药材之一。近年来的研究发现，水蛭对肿瘤、肝炎和心血管疾病都有显著疗效。

自古以来我国中医界就把水蛭作为一种祛病救人的良

药，药用宽体金线水蛭在《神农本草经》和《本草纲目》里早有记载。医圣张仲景用其祛邪扶正，治疗"瘀血"、"水结"之症，显示了其独特的疗效。目前，我国批准生产的以水蛭为主要原料的中药有几十种，水蛭体内含有某种抗凝血物质，名为水蛭素，水蛭素有防止血液凝固的作用，因此有抗血栓形成的作用，因此可以这样说，水蛭素是拒绝"三高"人群的良药。

公元 1500 年前，埃及人首创医蛭放血疗法，到 20 世纪初，欧洲人更迷信医蛭能吮去人体内的病血，不论头痛脑热概用医蛭进行吮血治疗。后来随着医学的发展，这种带有迷信色彩的治疗方法才逐渐被放弃了。然而近年来，医蛭在医学上的新用途正受到人们广泛的关注。整形外科医生利用医蛭消除手术后血管闭塞区的瘀血，减少坏死发生，从而提高了组织移植和乳房形成等手术的成功率。在再植或移植手指、脚趾、耳朵、鼻子时，利用医蛭吸血，可使静脉血管通畅，大大提高了手术的成功率。现代研究发现水蛭素是迄今为止发现的世界上最强的天然特效凝血酶抑制剂，能够阻止血液中纤维蛋白原凝固，抑制凝血酶与血小板的结合，具有极强的溶解血栓的功能。另外它还有降血脂、增加心肌营养血流量、终止妊娠等作用。

第二章 水蛭的生物学特性

第一节 水蛭的分类

虽然水蛭的外形不起眼,而且也让人害怕,但它却是地球上非常古老的低等动物之一,在长期的生存与进化中,它形成了特殊的适应环境的能力,适应能力很强大,分布很广泛,尤其是在水田、稻田、湖沼、沼泽地区常可见到,有时在山区、林间、竹林里也能看到它们。根据相关专家从波罗海沿岸捡拾到的嵌有水蛭遗骸的琥珀化石的分析研究表明,水蛭在地球上至少已经生活了有4000万~5000万年,比我们人类的历史还要长得多。

一、分类地位

从分类学地位上来看,水蛭隶属于动物界、环节动物门、蛭纲、颚蛭目、水蛭科。蛭纲包括4个目,即棘蛭目、吻蛭目、颚蛭目和咽蛭目,而具有养殖效益的主要是颚蛭目,其中在医学上应用较广泛的日本医蛭、宽体金线蛭和茶色蛭都是颚蛭目的一种,当前我国中药材市场上,主要经营的蛭类为宽体金线水蛭。

二、水蛭的特征

水蛭是鄂蛭目的一个品种,就鄂蛭目来说,它是非常重要的一目,这类动物的咽头是固定的,它本身没有可以任意伸缩的吻部,动物口腔内具有3个鄂板,鄂板是这类动物用来咀嚼食物的主要器官；这类动物的血液循环系统比较简单，身体内部没有真正的血管系统，而是由血体腔系统的功能取代了血液循环系统的所有功能，当我们把活体水蛭弄死后，可以发现它的血体腔液（我们有时就称之为血液）是呈红色的。相对于低等动物来说，这类动物的生殖系统是相当复杂的，它们已经具有了交配器官，而且在卵茧内有蛋白营养胚胎，这就为幼水蛭的繁殖提供了营养支持。从它的外观上来看，这类动物完全体节基本上由5环发展而成。营水生或陆生。水蛭特征如图2-1所示。

图 2-1　水蛭

三、水蛭的种类

鄂蛭目的动物很多，主要有用于放血疗法、清除瘀血、断肢再植等外科手术的医蛭，它包括常见的日本医蛭（*Hirudo nipponica*）以及和丽医蛭（*Hirudo pulchra*）等；在古印度曾被广泛用来放血，以避免使用外科手术刀的牛蛭，它包括棒纹牛蛭（*Poecilobdella javanica*）、远孔牛蛭（*P. similis*）、菲牛蛭（*P. ganilensis*）；生活在温湿的山区，在草丛或竹林中等候过往宿主、吸食脊椎动物血液的山蛭，它包括日本山蛭（*Haemadipsa japonica*）、天目山蛭（*H. ianmushana*）、盐源山蛭（*H. yanyuanensis*）；在我国池塘、稻田中分布很普遍的金线蛭，它包括宽体金线蛭（*W. pigra*）、光润金线蛭（*W. laevis*）、尖细金线蛭（*W. acranulata*）等。

由于水蛭种类较多，形态各异，例如我国就有水蛭70多种，而适用我国人工养殖的药用种类较少，主要有金线蛭属的宽体金线蛭、尖细金线蛭（又称柳叶蛭或茶色蛭）

和医蛭属的日本医蛭 3 种。其中最有养殖价值的是宽体金线蛭，在中药材中用量最大，目前市场上主要经营的就是它。为便于识别，现把这些水蛭区别特征作一基本介绍，以防养错或受炒种人员的欺骗。

1. 宽体金钱蛭

宽体金钱蛭又叫扁水蛭、宽身蚂蟥、牛蚂蟥、蚂蝗、水蚂蝗，是水蛭中药用价值较高的品种，当然也是我国主要的医用水蛭，也是目前最适宜人工养殖的水蛭品种。宽体金线蛭是一种大型水蛭，体形宽大，略呈纺锤形，扁平且较肥，长 6～13 厘米，它在爬行时长度可拉长至 20 厘米左右，宽 1.3～2.2 厘米，大的体宽可达 3.5 厘米，每条成年蛭体重可达 20～50 克。水蛭体前端较窄，后端较阔，蛭体的背面有由黄色和黑色两种斑纹相间形成的纵纹 5～6 条，中央有一条白色阔带，较粗长，在水中以肌肉收缩，身体收缩游动爬行。腹部淡黄色，杂有 7 条断续的、纵行的、不规则的茶褐色斑纹或斑点，其中中间两条较明显。宽体金钱蛭体环数 107 节，环带明显，各环之间宽度相似。宽体金线蛭的体前端较尖，有前后两个吸盘，前吸盘相对较小，后吸盘圆大，直径不超过体宽的 1/2，吸附力强。眼有 5 对，呈弧形排列。

宽体金线蛭是雌雄同体，肛门开口于最末两环背面，在第 33 与 34 节，第 38 与 39 节的环沟间分别有一个雄性生殖孔和雌性生殖孔。它的繁殖率很高，全年产茧分春秋二季。阳春三月开始出土取食、交配、繁殖，每条水蛭全年产茧能产 4～6 个茧，茧形为海绵形状，像白果、小鸟蛋，每个卵茧可孵化幼苗 25 条左右，幼苗成长速度快，一般人工养殖，精心管理，三个月就能长大为成品。

宽体金线蛭口内有颚，颚上有两行钝齿，颚齿不发达，不吸血，主要食料以螺蛳、河蚌、水中软体动物、浮游生物和小形水生昆虫幼虫及腐植质为食，在外界温度低于10℃就停止进食，温度低于5℃就钻进泥土中，进入冬眠。

2. 日本医蛭

日本医蛭又名稻田吸血蚂蟥、稻田医蛭、医用蛭、蚂蝗、线蚂蝗、水蛭、日本医水蛭等，也是药用的一种水蛭。

日本医蛭体狭长，稍扁，略呈圆柱形，体长3～6厘米，宽0.4～0.5厘米。背面呈黄绿色或黄褐色，黄白色的纵纹有5条，在纵纹的两旁有褐色斑点分布，但背部和纵纹的色泽有很大的变化，背中线和一条纵纹延伸至后吸盘上。腹面平坦，灰绿色，腹侧有1条很细的灰绿色纵纹。日本医蛭整个身体的环带有103环，环带不显著。眼也有5对，成马蹄形排列。日本医蛭的前吸盘较大，口腔内有半圆形颚3片，在较发达的颚上有1排锐利的细齿。后吸盘呈碗状，朝向腹面，背面为肛门。食道内壁有6条纵褶。

日本医蛭的阴道囊狭长，雄性生殖孔位于第31与32环沟间（位于第九体节处），雌性生殖孔位于第36与37环沟间（位于第十一体节处），雄交配器露出时呈细线形状。

日本医蛭的鄂齿发达，以吸食人、畜、鱼类和蛙的血液为主食。它的行动敏捷，能作波浪式游泳和尺蠖式移动，春暖时即活跃，6～10月为产卵期，冬季蛰伏。再生力很强，如将其切断饲养，能由断部再生成新体。

由于日本医蛭个体小，而且都是以吸活体血为主，所以不易人工大面积饲养，在医学上多以活体使用，不用来加工药品。国外对医蛭有大量需求，但必须是活体。

3. 尖细金线蛭

尖细金线蛭又名柳叶蚂蟥、秀丽黄蛭、秀丽金线蛭、尖细黄蛭、茶色蛭、牛鳖、柳叶蛭、茶色柳叶蛭、牛蚂蟥。它的干燥品称为长条水蛭。

尖细金线蛭身体细长，比金线蛭略小，扁平，呈柳叶形，头部极细小，前端 1/4 尖细，后半部最宽阔。体长 2.8～6.7 厘米，宽 0.35～0.8 厘米。尖细金线蛭的背部为茶色或橄榄色，有由细密的黄褐色或黑色斑纹构成的纵线 5 条，其中以中间 1 条纹线最宽，背中纹两侧的黑色素斑点呈新月形，前后连接成两条波浪形斑纹。腹面平坦，呈淡黄色，有不规则的暗绿色斑点散布。尖细金线蛭的环带有 105 环，环沟分界清晰，眼 5 对。前吸盘很小，口孔在其后缘的前面。其余与宽体金线蛭相似。

尖细金线蛭的第 34 与 35 节，第 39 和 40 节的腹面正中分别有一个雌雄生殖孔，阴茎中部膨大。

尖细金线蛭的食性较杂，以水蚯蚓和昆虫幼虫为食，但最喜欢吸食牛血，所以就叫做牛鳖。

4. 光润金线蛭

光润金线蛭是一种分布比较广泛的水蛭，体形较小，它的身体略呈纺锤形，前面逐渐变尖细，而到了身体的后面部分就变得较宽且圆，身体后半部的宽度变化不大，尾吸盘较小，约为体宽的 1/3。光润金线蛭的长度一般为 3.2～8.1 厘米，体宽 0.5～1.2 厘米，通常背面是呈棕色的，有 5 条黄色纵纹，以侧中一对最宽，而且有光泽。腹面平坦，呈浅黄色，有不规则的小斑点散布。光润金线蛭的环带也有 105 环，环沟分界清晰，头部眼 5 对。前吸盘小，口孔在其后缘的前面，肛门在最后一环的背中，其余

16

与宽体金线蛭相似。

光润金线蛭的第 10 到 13 节腹面正中有生殖环带，成熟个体的这一部分明显膨大。

光润金线蛭常以田螺、椎实螺等螺类及昆虫幼虫等为食。但它的繁殖量小，产量低，不宜人工规模养殖。

5. 棒纹牛蛭

棒纹牛蛭又叫爪哇拟医蛭，它的身体狭长，略呈圆柱状，背腹稍扁平。前端钝圆，在正常体态时头部宽度小于最大体宽，中段稍后最为粗大。体长 3～6 厘米，最大的可达 8.5 厘米，体宽 0.4～0.85 厘米，背面有 5 条黄白色的纵纹，以中间一条最宽和最长，黄白色纵纹将灰绿色分隔成 6 道纵纹，背中两条最宽阔。灰绿色纵纹在每节中环上较宽且色淡，因此看上去似由连续的棒状纹组成。体背侧及腹面均有黄白色，而在背侧又各有一条很细的灰绿色纵纹，口孔很大，口底有新月形的颚 3 枚。

6. 山蛭

山蛭又叫旱蚂蟥、吸血鬼。山蛭体呈亚圆柱形，后端粗大，从后向头端渐尖，体长 2.5～3.6 厘米，体宽 0.2～0.35 厘米，体色黄褐，有深绿色背纵纹 3 条，它的头尾各有一个吸盘，前吸盘的中央是口，口内有三个肌肉质颚成"Y"形，每个肉颚的纵脊上有一列小齿，后吸盘有明显的放射肋。当人或动物在山林中行走时，山蛭常用尺蠖式运动，不知不觉地爬到腿上，在脚、小腿、颈等处吸血，它用两个吸盘牢牢地吸着皮肤，再用口中的颚在皮肤上切开"Y"的伤口，吸食血液。由于山蛭口里能分泌抗凝血的物质，破坏了血液中血小板的凝血功能，因此被山蛭咬过的伤口常血流不止。在医院，医生也常利用这一特性，用山蛭或其他蚂蟥来治疗病人的局部充血。

山蛭清晨与雨后极为活跃，中午前后及干旱时较少活动，繁殖季节5～10月，6～8月数量最多。山蛭所产卵茧是圆的，茧壁分两层，内层光滑，外层为蜂窝状或海绵状。

7. 菲牛蛭

菲牛蛭又名金边蚂蟥、马尼拟医蛭，也是最近两年来市场上比较紧俏的水蛭品种之一，在市场上多以活体和冷冻体出售，一般出口较多，多用于提取水蛭素。

身上有杂色斑，整体环纹显著，每环宽度相似。眼5对，呈"∩"形排列，口内有3个半圆形的颚片围成一"Y"形，当吸着动物体时，用此颚片向皮肤钻进，吸取血液，由咽经食道而储存于整个消化道和盲囊中。身体各节均有排泄孔，开口于腹侧。雌雄生殖孔相距4环，各开口于环与环之间。前吸盘较易见，后吸盘更显著，吸附力也强。

菲牛蛭的食性比较杂，尤以血液为主。

>>>

第二节　水蛭的形态结构和生理

一、外形

1. 身体特征

几乎所有的水蛭背腹都是扁平状的，它的前端比较细长，有一个吸盘，围在口的周围，可以牢牢地吸附在人、畜的体表上，便于水蛭的取食，后吸盘呈杯状。水蛭的整个体形是呈叶片状的，体表呈黑褐色、蓝绿色、棕红色、棕色等，背面或多或少地有几条不同颜色的斑纹或斑点。

2. 体长

不同的水蛭，体长是不同的，而且相差很大，大的水蛭体长可达 30 厘米左右，小的水蛭只有 1 厘米左右，我们通常见到的水蛭体长多数在 3～6 厘米。水蛭还有一个重要特点，就是它的身体具有极强的伸缩性，这种伸缩的程度可能与取食的多少有关。

3. 体节

水蛭的身体是分节的，但常被体表的分环所掩盖。不同的水蛭体节数是不同的，但同一类水蛭的体节数是相同的、固定的，这也是不同水蛭间的区别之一，例如日本医蛭的体节数为 103 节，宽体金钱蛭体节数为 107 节。水蛭生长是通过体节的延伸而加长，最后达到生长的目的。

水蛭的体节并不是一成不变的，一般来说，水蛭前端的几个体节会演变成前吸盘，而后端的几个体节会演变成后吸盘，前吸盘小而后吸盘较大，前后两个吸盘都具有吸附和运动的功能，是水蛭用来贴近人、畜部位的主要器官。

不同的水蛭，它的体节方面还有一个重要的不同点，就是生殖环的位置不同，例如日本医蛭的生殖环带位于第九至第十一体节处；而宽体金线蛭的生殖环带在第 33 与第 34 节有一个雄性生殖孔，第 38 与第 39 节又有一个雌性生殖孔。这种生殖环带位置的差异也是作为种类鉴别的依据。

4. 分区

俗话说："外行看热闹，内行看门道"，对于不太了解水蛭的人来说，它的外形基本上是一样的，而且没有头尾的区别，这种看法是错误的，水蛭不但有头尾的区别，而且在外形上也是有差别的，为了方便研究和养殖，人们人为地将一条水蛭整个地划分为五个区，不同区的具体位置随着水蛭品种的不同而有一定差别。

第一区为头区，也就是我们通常所说的水蛭头部，它是由退化的口前叶和前几个体节共同构成，头区背面一般有 5 对眼点，基本上是呈倒"U"形排列，头区的腹面进化成为一个腹吸盘，吸盘中央为口，水蛭借助吸盘的吸力来贴在动物体表上，再通过吸盘中央的口来吸取血液。

第二区为生殖前区，也就是头区和生殖区间的过渡地段，一般是由三个体节构成。

第三区为生殖区，也叫环带区，不同的水蛭品种生殖区的具体位置不同，由于水蛭是低等动物，它是雌雄同体的，也就是说水蛭既做妈妈也做爸爸。一般雄性生殖孔在前面，雌性生殖孔在后面，雄性生殖孔和雌性生殖孔之间有 1 个体节相隔（值得注意的是一个体节里可能有数个体环），在平时这些环带并不明显，也不太好分，但是一旦到了水蛭的发情、生殖期间，它的环带就变得非常明显，这也是分辨水蛭是否达到性成熟的方法之一，在购买亲蛭时一定要注意识别。

第四区为体区，也叫体中区，占有身体的绝大部分，也是水蛭赖以生长发育的主要区位。一般有 15 个体节（约几十个体环）组成。水蛭的体腔、循环系统、呼吸系统、消化系统等主要功能区都在这个体中区，因此非常重要。

第五区为末端区，也就是我们通常所说的肛门部位，其实在这个位置还有一个重要的器官在这里，那就是后吸盘，肛门开口在后吸盘的前端背面。水蛭可以通过后吸盘的固定、吸附，配合前吸盘来达到运动的目的。

水蛭的身体看起来是比较光滑的，因此它的体节界限在外形上也是很难区分开来，这时可以通过从每个体节的第一体环上的乳突或后肾孔的开口来判断体节，这当然需要专业人士来进行判断，对于一般的养殖户来说，只要选择好品种，了解它们的生活习性和养殖方式就可以了。

二、体壁

水蛭的体壁也是比较简单的，它是由表皮细胞及肌肉层共同组成的。水蛭的表皮细胞非常丰富，它向外分泌一薄层的角质层，角质层的细胞中含有许多单细胞的腺体并沉入到下面的结缔组织中，形成很薄一层真皮层，它们的分泌物具体湿润体表、维持呼吸、调节身体水分的功能。不同水蛭的颜色是有一定差别的，有的是棕色的，有的是淡蓝色的，有的是褐色的，这是因为在真皮中有许多色素细胞，水蛭体表出现不同的色泽就是这些色素细胞的功劳。

在表皮下面就是肌肉层，水蛭的肌肉层是很发达的，包括环肌、斜肌、纵肌以及背腹肌等，在所有的肌肉中，纵肌是最重要的，水蛭的运动就是通过肌肉尤其是纵肌的波状收缩来推动它在水中游泳前进，另外纵肌的两端直到前后两个吸盘，通过纵肌的收缩，让吸盘牢牢地固定在猎物上。

水蛭生命力极强，再生能力也强，如将其身体切成段，能由断部再生成新体。

三、体腔与循环系统

水蛭的一个重要特点就是它的体腔发生了较大的变化，这也是它和其他环节动物显著不同的一个地方，首先是它的体腔缩小，呈细管状，这是由于水蛭在长期的进化过程中，为了适应生存的需要，它的体腔被大量的结缔组织侵占而显得越来越小，以至于水蛭体节间的隔膜也渐渐地消失，甚至它的背血管和腹血管也完全消失，所以给我们看起来的印象就是，水蛭好像是软软的，黏糊糊的，有时缩成一团团的感觉；其次是当体腔萎缩时，它的身体中部并没有形成空白区，而是被一种葡萄状的组织迅速替代，占领了整个体腔，从而形成发达的血窦。

水蛭并不像其他的环节动物一样，有相对完善的循环系统，它体腔内的血窦就充当了循环系统的作用，这种呈葡萄状的血窦组织表面积很大，在血窦中充满了体腔液，它通过侧血窦的搏动及身体的收缩来共同推动体腔液的流动，达到体液循环的目的。

四、呼吸系统

只有极少数的水蛭是用鳃呼吸的，这种情况出现在那些在海水中生活的水蛭。而对于大部分的水蛭来说，它们的呼吸作用主要是通过体表来达到交换气体的目的，也就是我们所说的皮肤呼吸。这是因为水蛭体表很光滑，表面积也很大，在它的皮肤中布满丰富的毛细血管网，通过这些表面积巨大的毛细血管，水蛭可以实现气体交换，吸收溶解在水中的氧气，而同时将一些废气排放在水中。而当它们离开水时，只要在潮湿环境中，它的表皮没有受到伤害就能继续进行呼吸，这时它的表皮腺细胞能分泌大量的黏液，这种黏液有两个作用，一是防止太阳的暴晒，从而造成水蛭体内的水分过快地失去而死亡，另一个作用就是通过黏液来完成呼吸作用，在身体表面的黏液会结合空气中游离的氧，再通过扩散作用进入到皮肤血管中，同时也将体内的废气通过黏液释放出来，从而达到气体交换的目的。

五、消化与排泄

虽然水蛭看起来很简单，但是它的消化与排泄系统却并不简单，通过解剖可以看出，水蛭的消化系统是由口、口腔、咽、食道、嗉囊、肠、直肠和肛门等8部分组成。

水蛭的最前头就是口，这是由几节体节共同组成的，口的附近有前吸盘，通过吸盘的吸引，水蛭才能附着且固定在目标上，为后面的行为打下基础。

我们通常养殖的水蛭是没有吻部的，紧随着口的就是一个口腔，在口腔内具3个呈倒三角形排列的颚，在颚的旁边有一排尖锐的细齿，因此水蛭在吸血后会在寄主皮肤上留下"Y"形切口。这个切口就是细齿的功劳。

口腔后就是咽部了，水蛭的咽是肌肉质，在它的咽壁周围有发达的肌肉，通过肌肉的运动来达到吸血的目的。有研究表明，水蛭的咽部肌肉在吸血时就像一台小水泵，通过肌肉有力且有规律的运动，寄主的血液就源源不断地被抽吸到水蛭的体腔中。由于人、畜的血液中有一种自我保护的能力，也就是说血液会凝结，为了阻止血液的凝结，便于抽吸血液，水蛭的咽壁周围还有单细胞的唾液腺，这个唾液腺可是大名鼎鼎的，因为它可以分泌抗凝血素，也叫水蛭素，这种水蛭素也正是它最值钱的东西，水蛭把水蛭素注入伤口处，这时伤口处血液就不再凝固了，水蛭也就可以随心所欲地吸血了，因此有许多人都称水蛭是"吸血鬼"。

水蛭的咽后部就是一条极短的食道，这是被抽取的血液进入后面体腔中的必备通道。

紧跟着食道后面的是胃或嗉囊，对于一些捕食性的水蛭来说，食道后面的就是胃，这种胃也比较简单，它就是一个简单的直管而已，是将食物运送到后面肠子的过渡阶段。而对于大部分以吸血为生的水蛭来说，它们的胃就演变成了有 1～11 对侧盲囊的嗉囊，这些侧盲囊长短不一，其中最后 1 对侧盲囊是最长的，它可以直达身体后端。值得注意的是嗉囊的主要功能并不是消化食物，而是作为一个仓库使用，水蛭用它来储存吸食的血液，正是由于这种巨大的仓库，当水蛭每次吸血后，它的吸血量都能达到它自身体重的 5 倍左右。

无论是捕食的还是吸食的水蛭，所有的食物进行消化的主要场所就是肠，水蛭的肠是位于胃（或嗉囊）之后。在嗉囊中的食物经过储存后，在进入肠子的过程中，食物中的水分就会通过肾排出体外，而留下的就是去水的食物。这些食物就会在肠子里被消化，和所有的动物一样，消化食物时是需要消化酶的，水蛭的消化道也有消化酶，目前发现的消化酶主要是肽链外切酶，而其他环节动物中常见的淀粉酶、脂肪酶及肽链内切酶却很少有，正因为这些酶的缺失，导致了水蛭在吸食血液后消化十分缓慢，所有有一些水蛭在取食后可以在几天甚至数月内不再吸血，也不会饿死，对于部分水蛭如日本医蛭，它可以在 1 年半左右的时间里不取食，也不会饿死。

水蛭后面的肠子就是一节非常短的直肠，直肠连接着肛门，肛门是水蛭排泄物排放到体外的通道，肛门的具体位置是在后吸盘前背面。

水蛭的排泄器官是比较特殊的，通常也称为后肾，它的后肾是在身体的中部比较膨大的地方，每节有 1 对肾管，因此水蛭的后肾是由 17 对肾管共同构成的。每对肾管中都有细胞内管，末端连接到起源于外胚层的肾孔，肾管中的尿液通过肾孔排出体外，这就完成了它的排泄任务。

　　水蛭的排泄系统看起来并不起眼，但是它对维持身体的水分及盐分平衡也有着非常重要的作用，尤其是在干燥环境中，即使表皮分泌大量的黏液，水蛭也会通过排泄系统将体内的水分源源不断地排出体外，从而造成体内水分的丧失，而一旦遇到适宜的条件时，此时水蛭再次通过排泄系统的作用，就可以慢慢吸取水分，来达到体内水分的平衡，维持生命。例如日本医蛭在相对湿度 80%、温度23℃的条件下，在干燥环境中单独放置，经 4～5 天体内水分就会迅速丧失 80% 左右，仅仅维持在原来的 20% 左右，而水蛭本身也会处于极度虚弱的状态，处于濒死的边缘，这时一旦将它放回水中，经过三个小时后，水蛭体内的水分又会慢慢地达到原来状态，而水蛭本身又可复活过来。

六、神经系统

　　和同为环节动物的蚯蚓非常相似，水蛭的神经系统也是一种链状的神经系统。在第六体节的部位，水蛭的脑就存在此处，水蛭的脑是由 6 个神经节共同愈合形成，在往后就到了水蛭的躯干部，在这个位置它有 21 个神经节，其中包含腹吸盘处的神经节（是由 7 个神经节愈合而成的）。从躯干部的每个神经节处都会分出两对侧神经，其中前面的 1 对支配该体节背面部分，后 1 对支配该体节腹面部分，就这样形成了一个长长的链状结构。链状的神经系统是一种相对比较低级的神经系统，它没有神经元和神经干等高级组成部分，也是水蛭长期生活演变而来的。

七、感官

感官是动物感知外部环境的主要部位，水蛭虽然是低等生物，但是它也需要感知外界环境及其变化，因此它的感官相对来说还是比较发达的，水蛭的感官包括两种类型：光感受细胞和感觉性细胞群。

1. 光感受细胞

光感受细胞主要是感受光线的方向和强度大小，从而能迅速地对光线做出判断，这种感官与高等动物复杂多变的眼的结构相比，要简单得多，它主要集中在水蛭身体的前端背面，通常是 2～10 个眼点组成，这些眼点也是非常简单的，仅由一些特化的表皮细胞、感光细胞、视细胞、色素细胞和视神经共同组成一个眼点，视觉能力非常弱，感知能力也比较弱，因此在自然界中水蛭是喜暗避光的，白天常躲在泥土和水浮物中，石块下，植物间或其他可以隐蔽的场所，夜间活动繁忙，这是与它不发达的感官相适应的。

2. 感觉性细胞群

感觉性细胞群也称为感受器，它是一种相对高级的感知器官了，也是水蛭在生活过程中感知外界环境的最主要器官。这种感觉性细胞群有很多，全部分布在水蛭的体表上，尤其是在头端和每一体节的中环处分布较多，它是由表皮细胞特化而成，下端与感觉神经末梢相接触，通过神经末梢的反应将相关信息传送到相应组织中来达到感知的目的。

按照感知功能的不同，水蛭的感受器可分为物理感受器和化学感受器两类。物理感受器又叫触觉感受器，主要感觉水体中一些物理性状的存在与变化，例如水温的高低

26

变化、水底压力的大小和水体中水流的方向变化等，人们把脚伸进水体后造成水流的波动，水蛭能在十来米外的距离就能迅速作出反应，找到水波的中心位置并迅速贴近目标，这就是为什么人们的脚伸进水中时间不长就会有水蛭来吸血的原因了；而化学感受器主要感受水中化学物质的变化和对食物做出反应等，例如水体中酸碱度的变化、水体中药物成分的变化、投饵后水体中血液浓度的变化等。通过感受器的工作，水蛭能迅速作出判断，尤其是通过化学感受器的工作，它能对于水体中的微量变化具有非常敏锐的感知能力，尤其是在投喂血腥味很浓的食物时，水蛭能迅速作出判断并快速前来取食。

八、生殖系统

水蛭是低等的动物，在生殖系统上表现得尤为明显，它是雌雄同体动物，也就是我们通常所说的"阴阳体"，在同一个水蛭个体上既有雄性生殖器官，也有雌性生殖器官，两者是并存的。

但是水蛭是异体受精的动物，也就是说对于这条水蛭来说，她可能是妈妈，接受另一条水蛭的求爱而产卵，但对于另外一条水蛭来说，它又充当了爸爸的角色，让另外的水蛭受精产卵。为了错开不同的交配时机，水蛭的雌雄生殖器官的成熟并不是同步的，它是雄性部分先成熟，对异体进行交配受精后，雌性部分再迅速成熟。

水蛭雄性生殖器官的显著标志就是精巢，呈球形，不同的水蛭精巢的位置有一点小差别，这里以日本医蛭为例来说明，它的位置基本上是从身体的第十二或第十三节开始，按节排列，每节一对，共有 4～11 对。精巢并不是完全独立的，每个精巢都会通过输精小管，最后连接到输精管中，输精管在身体的两侧纵行排列，最后在第一对精巢的前方汇集，各自盘曲成一个储精囊，水蛭的精子就暂时储存在这儿，等待时机。有几对精巢就会有几个储精囊，每个储精囊与各自的射精管是相连的，多对射精管最后在水蛭身体中部汇合成一个精管膨腔或称前列腺腔，经雄孔开口于体外，这就是水蛭的阴茎。当它在性成熟后，遇到雌性生殖器官时，通过阴茎不定期完成交配行为。

雌性生殖器官的标志就是卵巢，也是一种球形结构，卵巢包在卵巢囊中，通常有1对，位于精巢之前。卵巢里面会有一条输卵管与外界相通，输卵管到达体表处就形成了特有的阴道，在雌孔开口于体外。

水蛭的繁殖速度很快，繁殖能力也很强，在经过异体受精后，由生殖带分泌物形成卵茧，受精卵直接在卵茧内发育。4月下旬至6月中旬为产卵期，每条水蛭一次产出卵茧4个左右，每个卵茧孵出幼蛭10～25条。在饵料丰富、饲养密度适合、水质环境较好的情况下，到9～10月就可以长成成蛭。

第三章 水蛭的运动行为与生活习性

>>>

第一节 水蛭的运动行为

水蛭看起来很特殊，在受到某些刺激或惊吓时会收缩成一团，沉入水中或趺伏土中，在逃跑时会将身体拉伸成一条细细的线状，有时又能将身体弯成一个圆弧形，而它本身既没有像爬行动物那样的足，也没有像鱼类那样的尾部可摆动，它是如何完成行动的呢？其实任何动物都有它特有的运动方式，水蛭也不例外，它是靠体壁的伸缩和前后吸盘的配合来实现运动目的的。水蛭的运动一般可分为3种形式，即游泳、尺蠖运动和蠕动。

一、游泳

水蛭善于游泳，这是在水里生活的水蛭在水中所采用的主要运动形式，在游泳时，水蛭的背腹肌开始收缩，与此同时，环肌进行放松，这时的水蛭身体平铺伸展开，就像一根菠菜叶漂浮在水面上，通过肌肉有规律地不断收缩，来推动身体不断向前方运动，随着肌肉的收缩，这种运动方式呈波浪式。

二、尺蠖运动

顾名思义，尺蠖运动就是说水蛭的运动方式像尺蠖一

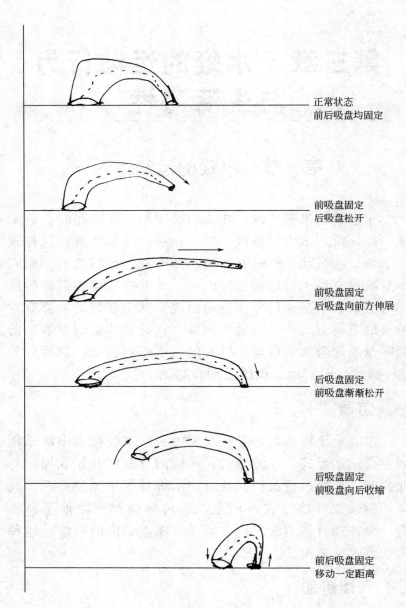

正常状态
前后吸盘均固定

前吸盘固定
后吸盘松开

前吸盘固定
后吸盘向前方伸展

后吸盘固定
前吸盘渐渐松开

后吸盘固定
前吸盘向后收缩

前后吸盘固定
移动一定距离

图 3-1　水蛭的尺蠖运动

样，这是水蛭在离开水后或者是在植物体上的运动方式。水蛭的尺蠖运动非常标准，一般可分为四个步骤，第一步就是先用它的前吸盘牢牢固定在目标物上，这时后吸盘慢慢地松开；第二步就是松开后的后吸盘离开目标物，用力将身体向背方慢慢弓起，并用力向前方伸展；第三步水蛭的后吸盘到达前方后，牢牢地固定在目标物上，此时前吸盘再慢慢地松开；第四步就是松开后的前吸盘在肌肉的作用下，往回收缩，直到后吸盘的附近，再固定在目标物体上，此时后吸盘又慢慢地松开，重复第一步的动作，如此交替吸附前进，就完成了它的运动。尺蠖运动的过程如图3-1所示。

三、蠕动

猛一看起来，水蛭就是一条蠕虫，因此蠕动也是它的主要运动方式之一，和尺蠖运动一样，蠕动也是水蛭离开水时在岸上或植物体上爬行的形式。在蠕动时，水蛭会让自己的身体平铺在目标物体上，这时先用前吸盘固定在目标物上，慢慢地将后吸盘松开，身体沿着水平面向前方慢慢地蠕动，将前后吸盘间的距离慢慢地缩短，接着它会将后吸盘固定在目标物上，而将前吸盘松开，身体再次沿着平面向前方伸展，慢慢地蠕动。

>>>

第二节　水蛭的生活习性

要想养殖好水蛭，必须先了解水蛭，主要是了解和掌握水蛭的生活环境和生活习性，然后在养殖过程中尽可能地满足它的这种需要，对不符合的地方加以改进，这对我们的成功养殖是十分重要的。

一、水蛭的生活环境

对于水蛭来说，绝大多数的品种是长期生活在淡水中的，据研究表明，也有极少数品种可以生活在海水中，还有极个别品种的水蛭可生活在陆地。还有一些蛭类可营水、陆两栖生活，它们既可以在水中生活，也可以在陆地上生活，比如一些水蛭在繁殖时就需要将卵产在含水量为40％左右的土壤中，这一段时间它可经较长时间地生活在离水边不远处的陆地上。还有极少数蛭类可在陆地潮湿的丛林中生活，例如山蛭等，这在大山中尤其是植被丰富的山林中，更是常见，它们通常被本地山民称为"毒虫"之一。几乎所有的水蛭在离开水后可以暂时存活一段时间，这可能与它们长期对环境的适应能力有关。

在农村插秧时，经常可见农妇的小腿上爬了好几条水蛭，这就说明水稻田是水蛭特别喜爱的环境之一。我们通常能见到水蛭的地方一般是在河沟、水库、池塘、湖泊、塘坝、稻田、山间流水沟及小溪等地，其中水草或藻类较丰富、石块较多、池底及池岸较坚硬的水域，水蛭相对较多，因为这些地方的水草、藻类比较丰富，既有利于蛭类吸盘的固着、运动和取食，同时又有利于蛭类的隐蔽和栖息。水蛭有时也爬上潮湿的岸边活动，因此，岸边土壤潮湿、草丛丰富将有利于水蛭栖息和交配繁殖。

水蛭适应环境的能力很强，它的生存能力也非常强，有研究表明，在原来有水的地方有水蛭生活过，一旦这里的水临时性干涸，这时水蛭可潜入水底而穴居，在潜居时间过长而没有得到食物和水分供应的条件下，水蛭会消耗自身体内储存的能量来维持生命，甚至在自身体重失去40％的情况下，也能生存，这种生活习性对我们养殖来说既是优点也是缺点，优点是养殖过程中由于水蛭的生命力顽强，即使遇到不良环境或环境突变时，它们的死亡率相对比较低，对于养殖户来说可以减少损失；它的缺点就是水蛭会潜居在泥底下，对于捕捞来说是非常困难的，可能会增加养殖成本。

二、水蛭对水体的要求

1. 温度

作为低等动物，水蛭属冷血软体动物，受外界环境的影响是非常明显的，尤其是温度的影响将会直接关系到水蛭的生存，所以说温度是影响水蛭活动的重要因素。水蛭的生长适温为 $15\sim30℃$，在秋末冬初，当气温低于 $10℃$ 时停止摄食，蛭类开始进入水边较松软的土壤中。蛭类在不同地区潜伏的深度不同，在北方的潜伏深度可达 $15\sim25$ 厘米，而在长江流域的潜伏深度为 $7\sim15$ 厘米，进入蛰伏冬眠状态，不食不动，生存能力强。第二年 $3\sim4$ 月后，当地温稳定超过 $14℃$ 时，水蛭开始出土活动，而当温度达到 $35℃$ 以上时，也会影响水蛭的生长发育。水温是影响水蛭繁殖的重要环节，$6\sim10$ 月均为其产卵期，水蛭交配需要温度在 $15℃$，卵茧的孵化温度在 $20℃$ 左右，温暖的水流可以促使水蛭卵茧的孵化进程。

2. 酸碱度

虽然水蛭对水的酸碱度（pH 值）适应性还是比较广的，但是它对环境中的酸碱度也有一定的偏好，对于过酸性水域它不太适宜，时间一长，由于有机物的严重污染或腐殖质的腐败所产生的毒性物质，水蛭极度不适应，它就会慢慢死亡；而最喜欢的环境是中性或稍偏碱性的水域，这种条件下生长的水蛭，生长快、个体大、体格健壮，因此我们在发展人工养殖时，一定要注意调节水质，确保水域环境处于中性略偏碱的状态中，当发现水质过肥或腐败物质较多时，要及时测定酸碱度，及时采取相应补救措施，最好的办法是定期向养殖池中泼洒经稀释后的生石灰浆，当然也可以通过部分换池水起到缓解的效果。

3. 盐度

前面已经说过，水蛭既可以在陆地上生活，也可以在水体中生活，既可以在淡水中生活，也可以在海水中生活，因此我们可以将在水体中生活的水蛭分为淡水种类和海水种类，而通常用于养殖的品种几乎都是淡水品种，长期在淡水中生活的水蛭，要求水体的含盐量不得超过1％，它们平时生活的环境就是含盐量较低的淡水湖泊、沟渠、河流和水田里，因此在养殖过程中不要刻意提高水体的含盐量，也不要在饲喂的饲料如血粉中加盐，否则对水蛭的生长极为不利，容易导致蛭体内失水而死亡。

对于那些在海水中生活或在海淡水交汇处生活的水蛭来说，它们对盐的需求量就要高一点，本身的耐盐能力就很强，可在含盐量高达6％～7％的海水中生存。

4. 水深

水蛭不喜欢在水较深、底部淤泥较多的环境中生活，因为这样的环境既不利于水蛭吸盘的固着，又不利于它的栖息。在水蛭的生活和繁殖季节，平时总是喜欢在沿岸和浅水流域活动，尤其是在沿岸一带的浅水水生植物上或岸边的潮湿土壤或草丛中，它们往往会扎堆生活在一起，因为这些地方一方面一般都是富含营养物质的地区，也是其他一些动物如螺、蚌、蜗牛等喜欢到达的地方，因此水蛭所需要的营养物质比较丰富，它的食物来源广泛，另一方面这些地方也便于水蛭固着身体和便于防御，再者水蛭也喜欢在潮湿泥土较多的岸边繁殖。

因此我们在人工养殖时就要注意在开挖养殖池时，水深不宜太深，只要适合就可以了。

5. 水的含氧量

水蛭对水体中溶解氧的反应有两个，一是它能忍受水体中的长时间缺氧环境；二是对水中缺氧又十分敏感。

研究表明，水蛭之所以能长时间忍受水体中的低氧环境，这是与它的生理特点密切相关的，当生活环境缺氧时，它体内的共生菌可进行厌氧呼吸，也就是水蛭体内的假单胞杆菌可以通过发酵分解水蛭体内贮存的血液等营养成分，释放出氧气供水蛭进行新陈代谢，在短时间内维持自己的生命。即使在氧气完全耗尽的情况下，水蛭一般还可存活 2~3 天。

水蛭对水体中溶解氧的多少也是非常敏感的，许多人就利用水蛭这种习性来预报天气的变化，例如在下雨前，或在气候闷热时，由于空气中的气压低、湿度大，水中的溶氧量降低，水蛭呼吸十分困难，所以在水中焦躁不安，上下翻滚，并向水面或岸边转移，预示暴风雨就要来临。天气晴好时，水蛭会很安详地待在水边的浅水处。

在人工养殖时，只要保证水体中的溶解氧在 0.7 毫克/升以上时，就能满足它的生活要求了，如果溶解氧进一步降低时，虽然不会导致水蛭的大面积死亡，但是对它的生长发育尤其是性腺的发育造成极大的伤害，因此我们在养殖过程中要经常添加新鲜的水流。

6. 水体中的药物毒性

自然界中的水蛭对环境、水质要求不高，只要一般的水体就能生长发育，但是随着工业化生产的快速发展以及周围环境长期受到化肥、农药残毒的污染。水蛭赖以生存的水体如江河、湖泊、稻田等都不同程度不同地受到工业废水、生活污水和垃圾的污染，环境污染日趋严重，导致野生的水蛭和其他水生动物一样，数量急剧下降。就是在人工养殖时，如果不一小心引进了被污染的水源，也会给养殖带来毁灭性打击，因此我们在人工养殖水蛭时，要注意两点，一是选择无污染、无化肥、无农药残留的水域，以提高水蛭的药用质量和食用质量；二是避开附近的污染源，不能在上游有化工厂的地方建设养殖池，在引进水源时要先化验，否则会使养殖的水蛭因水质不适而外逃或造成大量死亡，给养殖户带来不应有的损失。

7. 水体中的食物

水蛭是杂食性动物，以吸食动物的血液或体液为主要生活方式，常以水中浮游生物、昆虫、软体动物为主饵，在人工养殖条件下以各种动物内脏、熟蛋黄、配合饲料、植物残渣、淡水螺贝类、杂鱼类、蚯蚓等作饵。

三、水蛭对外部环境的要求

1. 对光的要求

水蛭体内拥有光感受细胞，它们对光的反应比较敏感，呈现出负趋光性，就是对光有躲避的本能，尤其是在强光照射时，更是敏感。我们平常看到水蛭基本上是属于昼伏夜出习性的，也就是它们在白天一般都是躲在石块间、草丛下、疏松的土壤等阴暗处，只有遇有食物才迅速出来取食，然后又躲藏在阴暗处。而在夜间或在光线较暗时，它们就会出来游泳、活动或觅食，才显示出它们活泼的一面。

值得注意的是，水蛭对强光具有避让的特性，并不是说它的生长发育不需要光，如果将它们处在完全没有光的情况下，水蛭也是不适应的，它首先会表现出生长缓慢，甚至出现不繁殖的现象，时间一长还会出现死亡的现象。

我们在进行人工养殖水蛭的过程中，也要注意水蛭的这个特性，要尽量避免强光直接照射，在盛夏季节光照非常强烈的情况下，要对养殖池进行遮阳处理，营造出适当的暗光环境，使水蛭能健康地发育生长。

2. 对水流的要求

水蛭不但对光的强度有要求，也对水流有一定的要求，在养殖过程中，我们会发现如果用投饵的工具或手指或随手拿到的棍棒等，在养殖池水中轻轻划拨一下水面，很快就会引来大量水蛭前来集群，如果划动水体的速度越快，游来的水蛭就越多，这是因为水蛭对水流的感应能力非常强，它那些布满体表上的触觉感受器，对水流大小的反应非常敏感，而且还能准确地确定波动中心的位置，并迅速地逆流游去。我们根据水蛭的这一逆流特性，在人工养殖时，可以设置专门的投料台，而且在投料台附近设置有水响的装置，如打开增氧机、人工搅动水体等，这样可招来水蛭觅食，提高饵料的利用率。

3. 对土壤的要求

水蛭有时也需要在岸边生活，尤其是它在繁殖时需要将卵产在水边的潮湿土壤中，因此我们在养殖水蛭时，要注意对养殖池周边的土壤进行科学管理，重点就是对土壤湿度的控制，从而为水蛭的繁殖创造一个良好的生存空间。

根据研究表明，水蛭产出的卵茧最适宜的温度条件就是含水量在30%～40%的不干不湿的土壤中，这种湿度的土壤，一是透气性非常良好，有助于卵茧的发育；二是湿度非常适宜卵茧的正常发育。如果土壤过干，土壤的含水量低于30%时，尤其是当含水量低于20%时，容易导致水蛭的卵茧失去水分，不利于卵茧的继续孵化；而当土壤过湿，尤其是当土壤的含水量高于50%时，由于湿重的影响，土壤会板结成泥，从而造成透气性能很差，当然也就不能满足卵茧孵化时对氧气的需求。

第四章　水蛭的引种

第一节　引种的意义

引种就是引进良种，所谓的良种，就是在一定地区和养殖条件下，在当地经两年以上正规示范，养殖效果表现明显优于其他品种，同时也符合生产发展要求，具有较高经济价值的水蛭品种，就称为良种。水蛭的良种一般都具有以下几个明显的优点：高产性、稳产性、优质性、抗逆性强和广适性。

选择一个好的良种，对于水蛭养殖户来说，是有非常重要的意义：一是良种能有效地提高养殖场的单位面积产量，使用生产潜力高的良种，可以增产15%～20%左右；二是能有效地改进水蛭的品质，对于提高经济效益是非常有帮助的；三是良种一般都是经过多次筛选的好品种，它们对常发的病虫害和不良环境都具有较强的抵抗能力或耐性，可以保持单位面积的产量稳定和商品水蛭的品质稳定；四是良种具有较强的适应性，它能适应池塘、河沟、沼泽地、湖泊、水泥池等各种养殖水域，这对发展水蛭养殖业，提高水蛭的产量和提高养殖场的经济效益，增加农民收益才是有意义的；五是良种对健壮苗种有很大的促进作用，俗话说"虎父无犬子"，良种是壮苗的基础，壮苗是良种的一种外在的、具体的表现形式。没有良种就不可能有壮苗，没有壮苗，也就无法提高单位面积的产量和养殖效益。

第二节 水蛭引种的阶段

水蛭的引种是分阶段的，不同阶段引进的蛭种质量是有一定差别的，具体表现在养殖过程中的成活率还是有差别的，因此我们必须要了解水蛭引种的不同阶段以及它们的特点。

一、种蛭

也就是我们通常所说的亲蛭，就是说水蛭在引进回来后就可以直接产卵，或者经过简单的强化培育后，种蛭可以交配、产卵了。这时候引种是比较好的，水蛭的个体也比较大，一般要求体重 20 克/条以上，背部纵纹清晰，呈淡黄颜色，而且要求种蛭个体大、健壮无伤、有活力。这种水蛭产卵多，孵化率高，早春放养，6 月份即可长成供加工出售，是目前引种最常用的，当然每条亲蛭的价格也是最高的。

二、卵茧

卵茧也就是水蛭经过交配后产出的卵，卵茧具有保存时间相对较长，引种时的价格也是最低的，但是它在孵化过程中可能造成一定的损失。在引进卵茧时，要注意查看，要求每个卵茧的外表是很光滑的，卵茧的形状不能有残缺现象，也不能有被其他敌害啃咬过的现象，同时要用手将卵茧轻轻捏住，放在光线下仔细看看，如果看到卵茧内奶白色小块（即乳液）基本已经干燥了，那就说明是好的卵茧，每市斤约 400 个茧左右为标准。

三、幼苗

　　幼苗就是从水蛭的卵茧中孵化出来的蛭苗，由于水蛭的幼苗体小纤弱，喜欢游泳生活，爱集群、顶风逆流，食饵范围较狭窄，取食能力低，对环境改变的适应和抵御敌害的能力差。在水蛭的整个发育史上，幼苗阶段是水蛭生活史上的薄弱环节，往往会在这一时期内大量死亡，在目前水蛭自然资源日益枯竭的情况下，这无疑对生产非常不利。

　　为了能有效利用水蛭的苗种资源，提高幼蛭的成活率，我们建议先将刚孵出的蛭苗培养 20 天左右再进行分池或出售，这时的幼蛭喜在阴暗处生活，对光线有一定的回避性，白天极少活动，傍晚开始觅食，已经有了一定的生活能力、活动能力及防御敌害的能力，这种经过培育后的幼苗的成活率将会大大提高。

　　在生产实践中，我们发现有不少养殖户由于购买幼苗不当，造成严重的经济损失，因此在购买蛭苗时，必须注意以下几点：

　　① 查询蛭苗孵化的时间、幼苗饵料投喂情况、水温状况及池内蛭苗的密度等情况，如果有条件的话，最好能问问亲本的规格及养殖规模，这对判断幼苗的质量也是有帮助的；

　　② 幼苗在引进时要仔细观察幼苗的颜色，以深紫红颜色为成熟型幼苗，同时要观察培育池内的蛭苗的活动情况及趋光性的敏锐度等；

　　③ 检查蛭苗的活力，就是随机选择一些幼蛭，将它们放在装一半水的脸盆里，先观察水蛭在脸盆里的活动情

况，然后再用筷子轻轻地触碰一下水蛭，如果发现水蛭立即受惊缩成一团，有时还能看到尾尖在轻轻地扇动，那么这种幼蛭的质量就非常好；

④ 通过室内干法或湿法模拟实验来判断蛭苗的质量，干法模拟实验是随机捞取池内的蛭苗 50 尾，用湿纱布包起来或撒在盛有潮湿棕榈片的玻璃容器内，放在室内阴凉处，经 12 小时后检查，若 85％ 以上的水蛭幼苗都很活跃，爬行迅速，说明质量较好，可以选购；湿法模拟实验是取 50 尾水蛭幼苗放在小面盆或小桶内，加水至容器的 1/3 处，观察 15 小时，若成活率在 90％ 以上，说明蛭苗质量较好。

>>>

第三节　水蛭引种的方法

当你决定要进行水蛭养殖时，选购优良的水蛭苗种是必需的，我们如何选择好良种呢，这里有一些引种的方法供参考。

一、人工引种

人工引种是目前水蛭引种的最主要手段，也是最成功的手段，这种引种的方式就是从那些已经饲养成功的养殖户或养殖场购买种水蛭苗种的一种方法，由于别人已经养殖成功了，而且是自己繁育的苗种，因此质量上应该是得到保证的。

在人工引种时要注意以下几个技巧：

① 在人工引种时，一定要慎重选择品种，要严格挑

选符合中药材标准的种类进行饲养，减少盲目性和不必要的经济损失，目前，饲养最广泛的是日本医蛭、宽体金线蛭和茶色蛭，其他的水蛭品种暂时不要涉足。尤其是对经营者强力推荐的品种要引起注意，对那些打折降价促销和限量销售的水蛭品种也不要购买。

②多向科技人员请教，最好从就近单位选择优良品种，当你在选购水蛭苗种过程中，遇到"快发财、发大财"的信息时，要保持清醒的头脑，冷静分析，切莫轻信他人的一面之词，应到相关职能部门深入了解，多向科技人员请教，把心中的疑问尤其是种苗的来源、成品的销售、养殖关键技术等问题向科技人员请教，征求他们的意见，取得指导和帮助，特别注意要对信息中的那些夸大数字进行科学甄别。然后根据科技人员的意见，作出正确的规划方案，切实可行再引种不迟，减少不必要的损失。

③不管选择用哪一种水蛭进行饲养，都一定要亲自到原饲养场进行调查分析，这种对水蛭种源亲历亲为的调查是有好处的，俗话说"耳听为虚，眼见为实"，一定要自己亲眼看到别人饲养场内的水蛭养殖情况，在调查时着重注意别人的养殖场是如何建设的，并与自己已建好的饲养场进行对比，别人的防逃设施是如何做的，自己做的是不是更好，还是需要进一步改进，别人的管理重点是什么，别人的饲料有哪些等问题，然后得出是否适合自己饲养的结论。

④在个体选择上应保证质量过关，一定要注意苗种的鉴别，防止以次充好，以假乱真。如果一次性引种数量只有几千尾时，最好尾尾都要过目，认真查看，不要放松警惕，注意选择活泼健壮、体躯饱满、体表光滑、光泽度很强且体表有弹性的个体。这些健康的苗种就是你以后发

财的基础，因为苗种健壮了，才能保证成活率高，抗病虫害能力强，而且繁殖力也旺盛。

⑤ 在人工引种时要加强维权意识，在购买水蛭种苗时，在选择供种单位应谨慎行事，一定要到证照齐全、有一定规模、信誉比较好、有苗种生产经营许可证的熟悉的单位引种。对于一些大企业设立的分公司、代销处，要注意了解、察看销售单位的"经营许可证"或复印件、委托书等。同时向供种单位索要并保留各种原始材料，如宣传材料、发票、相关证书及其他相关说明，并核对发票的印章与经营单位的名称是否一致。一旦发现上当受骗，要立即向相关部门举报，积极维权。

二、野外采集

野外采集就是养殖户利用野外自然资源的优势，利用一定的工具在野外进行水蛭苗种的采集，采集好后，再统一集中饲养。

1. 采集的环境

要想在野外采集到充足且质量较好的水蛭种苗，就一定先要寻找适合的采集环境，这是因为任何一种动物或植物都有自己特定的生活环境，在这种特定的生活环境中，才能满足它生长发育所需的光照、湿度、温度、气候甚至水文条件，如果离开这种适宜生存的环境条件，或者说在很短的时间内，这种适宜环境骤然发生变化，就会造成动物或植物的极度不适应而出现大量死亡，甚至灭绝。水蛭也是如此，在野外，它也有它最适宜的环境条件，这也是经过长期的演化遗传和适应才固定下来的，也是它得以保存下来的重要原因。因此我们在采集水蛭前，一定要先了解它的生活环境，掌握水蛭的生活习性。根据研究和经验，适宜采集水蛭的环境场所，就是野外水蛭经常出没的地方，例如有一点微小且不间断的水流、岸边有潮湿的地方、水里有石块且水位较浅的地方等都是可以进行采集的好地方。

2. 采集的时间

我们做任何事情时，都想用最小的精力、最短的时间去获得最大的成效，在野外采集水蛭时，也是这样的，必须在最短的时间内采集到尽可能多的水蛭，因此要根据水蛭在野外生存的特点，掌握科学的采集时间，我们建议，采集水蛭最适宜的时间段有两个，一个是在上午 6~8 时，另一个是在下午 5~7 时，这是因为这段时间是水蛭的活动高峰期而且温度也不是太高，如果在正午采集时，水蛭会躲避强烈的光照，钻在泥土中，不方便寻找，即使采集到少量的水蛭，也会因为温度太高而快速死亡。也有不少养殖户认为水蛭是昼伏夜出的动物，可以在晚上进行采集，这种思路是对的，但实际操作起来很困难，一是晚上采集不安全，会有蛇、虫等侵袭；二是晚上水蛭确实是活动了，但寻找它们更不容易，在夜晚月光或手电的映照下，它的体色和环境非常相似，人们难以捕捉。

就采集的适宜天气来说，最好选择在阴雨天即将来临时采集，这时的野外水蛭会大量出动，而且在水中上下翻滚，非常好捕捉。

3. 采集的方法

在野外采集水蛭的方法也有好几种，一般可采用人工直接采集与食物引诱采集两种方法，在具体应用时应做到随机应变。

（1）第一种方法是人工直接采集　也就是在选择好

了水蛭适宜的生长环境后，当确定这儿有水蛭生存或活动时，就可以用小木锹轻轻挖开泥土（潮湿的岸边或浅水处都要可以），发现水蛭后，把它们轻轻取出并用水稍稍洗一洗，直接放在容器中就可以了。用这种方式采集水蛭时，劳动强度比较大，有时也会弄伤蛭体，而且劳动效率非常低，一般是不建议使用这种方法。

（2）第二种方法就是用食物进行引诱　这是一种节省人力及时间的采集水蛭的方法，也是目前使用最广泛、效果最好的一种方法。诱集食物通常可用牲畜的干骨头再沾上鲜猪血就可以了，也可以用软体动物（如剖好的河蚌）的身躯，这是充分利用了水蛭喜食动物血液的习性，投其所好。根据水蛭的活动规律，寻找好它们的主要活动场所后，在它的主要活动季节，利用清晨或傍晚时间，把沾好猪血的骨头或河蚌用细绳子拴好，投放到浅水处，为了提高诱集的效果，可在投诱饵时故意将水搅动几下，大约半小时后就可以来收取了。在收取时，轻轻拉动绳子，等骨头或河蚌慢慢离开水体后，这时再用密抄网轻轻地抄住骨头，这时就可以看到大量的水蛭爬到骨头，最后再把骨头和水蛭分开，就可以了。

（3）第三种方法就是采集水蛭的卵茧进行人工孵化　这也是大量获取种源的简单易行的方法之一。根据水蛭生长发育的特点，采集水蛭卵茧的时间最好是在它的繁殖旺盛时期，主要是在每年的4月中下旬至五月中旬，这段时间的卵茧多而且质量好，以后的孵化率也非常高；由于水蛭无论是在水里生活还是在陆地上生活，它们在繁殖产卵时都会在潮湿的陆地上进行，因此采集卵茧的地点是在水沟、河边、湖边等潮湿的泥土中；采集的过程先要确定水蛭经常活动的范围，然后在陆地上慢慢寻找，如果发现靠近水边的陆地上有 1.5 厘米左右孔径的小洞时，基本上就可以确定是水蛭的卵茧了，这时可沿小洞向内进行挖取；由于水蛭产卵的地方相对比较疏松、潮湿，因此最好不要用铁锹或其他锐器来挖取，建议使用木制或竹制的片状或锹状物来挖取，在挖取时要十分小心，轻轻地先将洞穴周边的泥土挖走，然后慢慢地接近卵茧附近挖，当看到卵茧时，要及时取出，这时就可采集到泡沫状的水蛭卵茧，在取卵茧时不要用力夹取，否则会损伤卵茧内的胚胎。

采好卵茧后要及时进行孵化，先将采集好的卵茧轻轻放在有一定湿度的容器中带回家，到家后再把它们放到孵化器内，孵化器是自己做的，根据实际需要和家里的条件，可采用普通的塑料盒、盆等容器，规格大小应视采卵量的多少来确定，没有具体要求。先在孵化器内放一层 2 厘米厚的沙泥土，沙泥土的含水量在 $40\% \sim 50\%$ 之间，判断标准就是用手抓一把沙泥土，轻轻握一下拳头，发现手指缝有潮湿的感觉但并没有水滴下就是正好符合要求的。这时将卵茧放在阳光下看一下，就会发现水蛭的卵茧两端，一端有小孔，一端封闭，这时把卵茧有小孔的一端朝上，整齐地排放在孵化器内，要注意最好只排放一层就可以了，再在卵茧的表面上盖一层潮湿的纱布或几层纱布，目的是增加增加孵化器内的湿度，确保满足水蛭孵化的条件，在孵化器的外面用塑料袋包裹严实，防止孵化器内的水分蒸发，这样经过 20 天左右可自然孵化出幼蛭来。

三、扩种与提纯复壮

扩种实际上就是对水蛭进行再生产，即通过交配、产卵、孵化而得到大量的繁殖后代，为以后获得高产，从而获得较好的经济效益打下基础。

只有纯种才能繁育出健壮的后代，只有壮苗才能发挥它的养殖效益，因此无论是从养殖场处引进的优良品种饲养，还是自己辛苦在野外采集野生的水蛭作为种源，都要对它们进行提纯复壮、选优去劣，这个过程一般是和扩种同时进行的。由于在购买或在采集到的大量水蛭（或卵茧）中，它们的身体健康状况、个体发育状况、繁殖性能、对环境的适应能力、抵抗疾病的能力不可能完全一样，所以必须通过挑选适应能力比较强、生长快、产卵率高的个体作为亲本，在扩种的过程中加以提纯复壮、选优去劣，用更好更多的优质苗种进行规模化生产，才能提高经济效益。

四、采集和引种应注意的问题

1. 做好记录

俗话说"好记性不如烂笔头"，因此我们要养成做记录的好习惯。最好随身携带一本记录本，凡是与采集和引种有关的事项，都要详细记录下来，在从其他养殖场所引进苗种时，要详细记录本批苗种的规格、孵化时间及培育时间、饵料投喂情况、对水体的调控方法等，以方便回家后能及时将管理工作衔接到位，这对水蛭的生长发育是有好处的。如果是在野外采集水蛭的，要将采集时间、地点、天气、采集方式、水域及周围环境等都要记录下来，如果能长期记录就能掌握野外水蛭的发生数量和世代发生规律，对于在人工养殖时营造适宜的生活环境是非常有参考价值的。

2. 加强管理，做好蛭体的消毒处理

由于水蛭是活的，在野外采来的水蛭难免会带有各种各样的病菌，即使是从养殖场引种的苗种，也会带有各种病菌，如果对它们不进行科学的消毒处理，直接放在池子里进行养殖，很可能会导致全池都会发生疾病，尤其是一些传染性疾病更是厉害，稍不注意就可能导致全军覆没，因此需要加强对水蛭的管理工作，在引进或采集来的水蛭入池前要做好蛭体的消毒工作。

首先是用药物进行处理，在引回来和蛭种或采集回来的蛭种入池前，必须对它们进行药物洗浴一次，药浴的目的就是消灭水蛭体表的病原体。适宜的药物有福尔马林、食盐等，例如福尔马林消毒溶液的浓度为 0.5%，将水蛭浸洗消毒 5 分钟，然后再用洁净的清水冲洗一次就可以了，切不可将从水田、池塘或其他养殖场带回的水一起倒入新建养殖池中。其次是对经药物处理好的水蛭再进行隔离饲养，即使已经对体表进行清洗、消毒、杀菌了，也不能将引进的水蛭立即放入池塘中，这时要将处理好的水蛭先放入单独的饲养池中，进行隔离饲养并加强观察，一段时间后，大概一周左右，如果发现这批水蛭有异常反应，比如厌食、打蔫、体态变暗、体表光泽退去、弹性也较差，排泄的粪便也稀且颜色不正常时，就不能继续饲养了，这时要么进行治疗处理，要么就要重新引种。如果没有发现病态现象时，就可以放入正常的饲养池或和其他水蛭进行混养了。最后就是要掌握一个关键，就是对于从野生环境中自捕或购买进来的水蛭作种源，必须经过周期性驯养、培育后，方可用于第二年的人工繁殖。

第四节　引种后的运输

　　无论是从养殖场引种，还是自己从野外捕捉，都必须要运输回家，如何快速、安全地将水蛭运输回家，这也是有讲究的。

　　水蛭对环境的适应性很强，是非常适于运输的，这是它的身体特点而决定的，它主要是用皮肤来进行呼吸，这就决定了在运输过程中只要保持一定的湿度就可以运输了。

一、水蛭运输前的准备工作

　　1. 检查水蛭的体质

　　在运输前必须对水蛭的体质进行检查，先将需要运输的水蛭暂养1～2天，一方面是观察它们的活性，另一方面可以及时将病、伤的水蛭剔出，及时捞除死亡的水蛭，不宜运输，就不能运输。

　　2. 检查运输工具

　　根据运输的距离和数量，以及不同水蛭阶段来选择合适的运输工具，在运输前一定要对所选择的运输用具进行认真检查，看看是否完备，还需要什么补充的或者是应急用的。

　　3. 确定运输时间和运输路线

　　这是在运输前就必须做好的准备工作，尽可能地走通畅的路线，用最短的时间到达目的地。尤其是对于幼蛭运输更为重要，不但到达目的地后要保证成活率，还要尽可能地保证健康的生活状态，以利于后面的生产活动。

二、蛭苗的运输

由于蛭苗是比较娇弱的，不宜运输时间太长，因此对蛭苗的运输主要是采取干湿法运输，也就是不带水的运输方式，这种运输方式的优势就是需要的水分少，可少占用运输容器，可以减少运输费用，提高运载能力，还可以防止水蛭受挤压，便于搬运管理，总的存活率可达到95%以上。

第一步先将选择好的泡沫箱清洗干净，然后浸湿，目的是保持蛭苗运输环境里一定的湿度；第二步是将水浮莲等水草放在泡沫箱内，水草在使用前一定要清洗干净，然后把准备好的水蛭放到箱内；第三步是把泡沫箱口用透明胶带封好，再在箱盖打上几个小孔，以保证空气能进入泡沫箱，满足蛭苗的需氧要求，最后在小孔边涂上一层牙膏，目的是防止蛭苗爬出箱外；第四步就是集中打包运输，要注意在叠放时，不能将小孔全挡住，以防空气不流通；第五步就是做好运输途中的保温和保湿，运输途中，每隔3~4小时要用清水淋一次，以保持水蛭皮肤具有一定湿润性，这对保证水蛭通过皮肤进行正常的呼吸是非常有好处的。在夏季气温较高的季节运输时，可在装蛭苗的容器盖上放置整块机制冰，让其慢慢地自然溶化，冰水缓缓地渗透到泡沫箱上，既能保持蛭苗皮肤湿润，又能起到降温作用。

三、种蛭的运输

种蛭在运输时，如果距离近、时间短，可以考虑带水运输，也就是在运输时把种蛭放在特定的容器中，再在容器里加上一定的水就可以了，这些容器可以采用木桶、帆布袋、尼龙袋等，水量占容器的 1/3 至 1/2 就可以了。

如果距离远、时间稍长，就可以考虑干湿法了，基本方法和蛭苗运输是相同的，只是由于种蛭的活力较强，因此要求泡沫箱的高度以 50 厘米为宜，在箱里也放一点水草，这样可以确保水蛭在箱内能全部散开，不会过度挤压。另外在运输过程中要轻拿轻放，尽量保护水蛭体外保护膜不受损伤，同样也要在箱盖上打几个孔，箱口涂上一层牙膏，以防运输中水蛭爬行脱逃。

四、卵茧的运输

由于卵茧基本上是处于一种相对安静的状态，因此它的运输就要方便许多，通常是用半干法运输就可以了，就是先将容器如塑料箱、塑料盆等清洗干净，把卵茧放在容器中，轻轻地铺一层，如果数量比较多，可以在已经铺好的卵茧上面覆盖一层潮湿的纱布或水草，再在上面接着摆放一层卵茧，为了防止卵茧被挤压变形，要注意最多摆放三层卵茧就可以了。运输时可以敞口运输，也可以封闭运输。

第五章 水蛭的繁殖

我们在人工养殖水蛭时，不可能仅仅局限于从养殖场购买的种蛭或蛭苗进行养殖，也不能全指望从外环境中寻找幼蛭回来养殖，必须要进行苗种的大量繁殖，才能满足饲养的需求，因此可以这样说，在人工养殖水蛭过程中，科学饲养是养殖的基础，苗种繁殖是扩种的关键，养成成品才是赚钱的终极目的。因此我们只有大量地繁育出优良后代，再将这些后代饲养成为商品水蛭，才能提高产量和经济效益。而繁育后代的关键技术是掌握好科学的繁殖技术，这是决定养殖水蛭产业成败与发展的关键。

>>>

第一节 水蛭的发情与交配

一、水蛭的发情

水蛭经过养殖一段时间后，当它们的体重达到 10 克左右时，就进入了性成熟阶段，这时就可以用来繁殖了。和所有的动物一样，水蛭在繁殖前也有一定的表现，这种表现我们称之为发情，首先是水蛭在繁殖期会变得更加活跃，往岸边爬动得更加频繁；其次是它的性征表现很明显，雄性生殖器有突出物，像小线一根伸缩在体外活动，周围有黏液湿润，这就是发情的标志。

二、交配

水蛭为雌雄同体、异体交配受精的动物，每条水蛭体内都有雌性生殖器和雄性生殖器，它们相互交配繁殖后代，一般雄性生殖腺先成熟，而雌性生殖腺后成熟。

（1）交配季节　任何一种低级动物的发情和交配都需要一定的温度要求，在自然界中，水蛭的交配时间也是随温度的变化而有所不同，一般情况下，当地下温度稳定在15℃以上时，水蛭正式开始交配。

（2）交配时间　水蛭的具体交配时间基本上多在清晨开始，到早上 7 时左右结束，整个交配时间一般持续 30 分钟左右。

（3）交配地点　水蛭交配的地点，一般都是在水边土石块和杂草物下面进行，这里的土壤松软，也有一定的湿度，有利于卵茧的孵化。

（4）交配行为　一般水蛭有 1 个阴茎，当两条发情水蛭相遇，头端向相反方向连接起来，即开始进行交配。交配时，两条水蛭的腹面紧贴，头部方向通常相反，各自的雄性器官输入对方的雌性生殖孔，然后雄性伸出的细线形状的阴茎插入对方的雌性生殖孔内。在一般情况下，由于双方的雌、雄孔互对，可以同时互相交换精液。但是，也有单方面输送精液给对方的，我们称之为单交配。

（5）交配时的注意事项　在人工养殖水蛭时，在水蛭要到繁殖高峰期时，要做好管理措施，注意几点要点，一是要提供合适的繁育场所，用水泥池养殖水蛭的，在繁殖时期快到时，一定要将它们转入到土池中；二是在交配高峰期，不要让客人来参观访问，保持绝对的安静，因为水蛭在交配时的敏感性非常强，在交配时极易受惊扰，稍有惊动，两条交配的水蛭就迅速分开，造成交配失败或交配不成功；三是在交配期间的清晨也不要投喂，更不能造成水体的响声和波动，防止正在交配的水蛭受到惊吓。

>>>

第二节　水蛭的受精和产出卵茧

一、受精怀孕

当水蛭双方将阴茎互相插入到对方的雌性生殖孔内，直到输出精子并将精子输送到对方的受精囊内以后，整个交配行为就算结束。精子储存在储精囊中后，这时卵子并不能立刻排出而受精，而是在交配后雌性生殖细胞才逐渐成熟，这时储存在储精囊中的精子才逐渐遇到阴道囊内的卵子而使卵子受精，成为受精卵。

从水蛭的交配、受精到受精卵的排出体外，再形成卵茧，这个全过程一般要经过近一个月的时间才能完成，这段时间我们称之为怀孕期。在水蛭的养殖期间，我们一定要仔细观察，随时观察它的产卵行为，同时保证食料充足，为它们提供充足的营养需求。

二、产出卵茧

水蛭在受精过程完成后，它的生殖行为并没有停止，这时水蛭的雌性生殖孔附近环带（也就是生殖带）部分的体壁分泌速度会加快，它分泌出的物质有两部分，一部分是白色的泡状物质，这是形成卵茧的外层物质，起保护卵茧的作用；另一部分就是分泌的蛋白液，是起粘连作用的，保证产出的受精卵悬浮于其中。

在自然界中，水蛭产出卵茧的时间一般在 4 月中旬至 5 月下旬，这时候的气温要求平均温度达 20℃ 以上。水蛭在产茧前，先从水里慢慢游出来，然后钻入田埂边或池塘边的疏松潮湿的泥土中。在进入泥土后，水蛭再转而向上方钻成一个斜行的或垂直的穴道，它的前端朝上停息在穴道中。这时开始产出卵茧，在产茧过程中，环带的前后端极度收缩，身体变得细长，由于压力的原因，造成我们见到的卵茧的两端较尖。

这时水蛭的身体沿着纵轴转动，环节部分分泌一种稀薄的黏液，成为一层卵茧壁，包于环带的周围，把卵茧的内表面弄得光滑。卵是从雌孔中产出，落于茧壁和身体之间的空腔内并分泌一种蛋白液于茧内。此后，水蛭亲体的前部慢慢向后方蠕动退出，在退出的同时，由前吸盘腺体分泌形成的栓，塞住茧前后两端的开孔，使茧从前端产下。

水蛭产卵茧的时间大约需要 30 分钟，水蛭产茧茧形从大到小，从第一个到最后一个茧，茧形相差很大，大多数为椭圆形或卵圆形，呈海绵状或蜂窝状，大小为（22～33）毫米×（15～24）毫米，平均 26.6 毫米×18.7 毫米。卵茧重 1.1～1.7 克，平均 1.68 克。一个养殖池里的水蛭群体总产茧时间约七天左右，每个水蛭产茧量为三个左右。卵茧产在泥土中数小时后，卵茧的颜色也会发生变化，先由当初的紫红色，渐渐转变成浅红色，最后又变成紫色，同时茧壁慢慢变硬，壁外的泡沫风干，壁破裂，只留下五角形或六角形短柱所组成的蜂窝状或海绵状保护层。

蛭类的受精卵一般在保护良好的卵茧内自然孵化和发育，发育的类型为无变态型，即直接发育。每个茧内的幼蛭数为 13～35 条，多数 20 条左右，幼蛭从卵茧内爬出，直接进入水中营自由性半寄生生活。

在我们进行人工养殖水蛭时，一定要根据水蛭的产茧习性，构建出产茧床，便于水茧产出的卵茧又快又好。产茧床要求疏松的土壤厚度在 15～20 厘米，湿度保持 35%～40%，为了能将多余的水及时排出，在产茧床的四周做好排水沟，以防遇到连续阴雨天积水。

>>>

第三节 水蛭卵茧的孵化

在自然情况下，水蛭产出卵茧后，基本上是不用人工照顾就可自然孵化出幼蛭来，但是在人工养殖的条件下，为了提高孵化率，减少天敌对幼蛭的危害，取得最佳的经济效益，还是建议养殖户采取人工孵化，从而赢得了饲养时间并能增加水蛭的数量。

一、室外自然孵化

水蛭产茧后经过一周的时间，逐步休息恢复，开始从泥土中爬出，进入水中寻找食物。这时留在土壤中的卵茧就开始自然孵化了。水蛭的卵茧在自然条件下孵化需要一定的条件：温度在 20℃左右，卵茧经过二十天时间的孵化，幼苗从卵茧钻出茧外，如果温度略低，则孵化时间就略长，例如在春季温度较低和阴雨季节里，孵化时间将会延伸到一个月以上。但是长时间出现 10℃以下的低温，就有可能孵化不出幼蛭，严重的还会出现大批卵茧死亡的现象；孵化湿度一般在 35%～40%之间最适宜，如果土壤的湿度过大，在太阳光照下极易出现板结现象，不利于卵茧的透气，而湿度过小，土壤过干，易使卵茧失去水分过多，都不利于卵的孵化，甚至孵化不出幼苗，因此，要掌握防干保湿，同时要严防鼠类天敌。

在室外最初自然孵化时，从 5 月底到 6 月初是初期孵化阶段，孵化数占总数量的 20%～30%，而到了 6 月中旬就是水蛭的孵化盛期阶段，在这十来天中，水蛭孵化数可以占到总数的 50%～60% 左右，在 6 月份下旬，大多数卵茧均已孵化，这段时期孵化数占总数的 10%～20% 左右。

二、室内人工孵化

室内人工孵化水蛭就是在专门的孵化室里，通过人工控制最适宜的温度和湿度，创造出适合孵化的最佳环境，同时也可以有效地防御天敌的侵袭，使水蛭的孵化率大大提高。这种方法全部靠人工孵化，主要适用于产卵量少或刚开始养殖水蛭的养殖户，是养殖户提高幼蛭数量的重要措施。

1. 孵化用具

在进行室内人工孵化水蛭时，一般选用塑料、木制、搪瓷等盆、盒作为孵化用具，也可采用装水果的泡沫箱。在孵化前先将用具清洗干净，然后放在日光下晒干，在底部放一层 1～2 厘米厚的松软的孵化土备用。

2. 选卵

将卵茧从泥土中取出，收集后进行适当挑选，分出大小茧型和颜色的区别，尽量根据大小、老嫩分开孵化，同时要剔除那些破茧。

3. 排卵

将卵茧仔细地平放在松土上，在卵茧上再盖一层 2 厘米的松土，为了保持一定的湿度，松土上放上一块保湿棉布或清洗干净的水草。最后将排好卵的孵化箱集中放在孵化房内。

4. 湿度要求

为了确保水蛭的卵茧安全快速地孵化，保证一定的湿度要求是必需的，要求孵化房空气湿度保持在70%～80%左右，孵化箱内的湿度掌握在30%～40%之间。在孵化过程中，要经常观察孵化箱内的松土干燥程度，当发现湿度不足时，用喷雾器进行适量加水，也可直接向棉布上喷雾状的水，但要防止过湿，不能出现明水，因此，孵化土的干湿程度，直接影响着孵化出苗率。

5. 温度要求

孵化房内的温度将直接影响着水蛭卵茧的孵化时间和孵化率，因此不能掉以轻心。孵化的温度应控制在20～23℃之间，幼苗孵化时间将缩短为25天左右即可孵化出幼蛭来，过高或过低都不利于卵茧的孵化。

6. 幼蛭收集

只要从卵茧里破茧而出，幼小的水蛭就具有了一定的活动能力，它们会到处乱爬乱撞，这时要及时对这些水蛭进行收集。为了防止孵化出来的幼蛭乱爬、甚至逃跑，可在孵化箱里设一个盛水的容器，容器的口最好能与排好卵的位置相平齐，然后倒入一半的水。这是利用水蛭趋水的特性，使孵化出来的幼蛭，自然掉入水内，再在水中放一些木棒或竹片等，这时幼蛭就会一个个地爬到上面栖息，这时就可以把幼蛭进行集中收集了。基本上半天收集一次，等卵茧全部孵出后，可整体转入饲养池，进行野外饲养。

一般是每个卵茧可在一天内全部孵出幼蛭，但是如果

茧内幼蛭较多，它会分批孵化，先在第一天孵出 10 余条
或 20 余条，次日再接着孵出余下的幼蛭。刚孵出的幼蛭
大小为（6.2～19）毫米×（2.2～3.6）毫米，平均 13.5
毫米×2.9 毫米。

第六章 水蛭的饵料及投饲

我们一般人的概念就是水蛭基本上是以吸血为主，营半寄生生活，它们以螺类、多毛类、甲壳类以及昆虫的幼虫类等为取食对象，吸食各种无脊椎动物的血液或身体的软组织。例如日本医蛭以吸食脊椎动物的血液为主，吸食对象包括人、家畜、蛙类、鱼类等。宽体金线蛭、茶色蛭主要吸食无脊椎动物的体液或腐肉，如河蚌、田螺、蚯蚓、水生昆虫、水蚤等。但是它们的大部分在幼年时以捕食为生，也吸食一些水面植物和岸边植物及腐殖质等，到了成年后才以吸血生活为主。

了解水蛭的这个食性，我们在进行水蛭的人工养殖时，才能做到有的放矢，事半功倍，既要照顾它幼年的捕食习性，同时又要满足它成年后的吸食习性，在提供食物时，要尽可能地达到营养平衡，这样才能保证水蛭的养殖成功，取得较好的经济效益。

>>>

第一节 水蛭的食物种类

和所有进行规模化养殖的动物一样，水蛭的饵料可以从自然界中直接获取，这就叫天然饵料，也叫活饵料，当水蛭养殖量较少而且从自然界中捞取或自己培育的天然饵料非常充足时，这是一种非常优良的饵料。但是当大规模发展水蛭养殖时，光靠天然饵料是不行的，除开展人工培养天然饵料外，还必须发展人工配合饲料以满足养殖要求，这种人工配合饲料就叫人工饵料。

一、天然饵料

是指在自然界中可以获得的食物，而且大多数都是以活体形式供水蛭食用，最常见的有福寿螺、河蚌、田螺、鱼、蚯蚓、水蚤以及昆虫的幼虫等。天然饵料一般都含有水蛭需要的多种营养成分，长期投喂天然饵料的水蛭，生长速度更快，而且体色更艳丽，市场认知度更高，因此在条件许可的情况下，为了满足水蛭的营养需求，我们要大力发展天然饵料。

天然饵料的来源，主要有三个来源：第一个来源是在水蛭饲养环境中自然生长和繁殖的饵料，这就需要给这些天然饵料创造一个良好的生存空间，来促进它们的大量繁殖，为水蛭提供充足的饵料，例如在水蛭养殖的池塘中有本来就存在的田螺等活饵料；第二个来源是人工投放的天然饵料，这主要是通过人工在其他环境中捕获的天然饵料，再投放到水蛭饲养的环境中，使这些天然饵料再繁殖生长，以供水蛭吸食，例如可以从湖泊、池塘中捞取河蚌，再放到水蛭饲养池中；第三个来源就是自行另池专门培育天然活饵料，供水蛭食用，例如可以人工培育蚯蚓供水蛭食用。

二、人工饵料

人工饵料也叫配合饲料，是通过人工将有机物质、化学物质、防腐剂、水和填充物等多种原料混合后，再经机械加工制成的便于水蛭吸食的食物，人工饵料的优点是，经过科学的配制后，它的营养成分比较齐全，可以提供水蛭所需要的多种营养物质，能有效地促使其正常生长发育，这是大规模养殖水蛭必须走的路子。

由于人工饲料是基于饲料配方基础上的加工产品，所以饲料配方设计得合理与否，直接影响到人工饲料的质量与效益，因此必须对饲料配方进行科学设计。水蛭人工饵料通常应符合以下要求：

首先是有良好的物理性状，所选用的饲料原料还应适合水蛭的食欲和消化生理特点，要色泽一致，无发霉变质、结块和异味，便于保存和喂养，在浓度和硬度上也要适应水蛭口盘吸食的要求和消化性等。

其次是有良好的化学性状，能发出较浓的气味，例如可以通过添加鱼粉香味，让饵料具有强烈的鱼腥味和血腥味，对所养水蛭有招引和刺激其吸食的作用。

再次就是对水蛭生长发育所需要的营养物质供给平衡，应满足水蛭各阶段生长发育所需要的营养物质，避免某一生长阶段营养失调，要结合实际养殖效果确定出日粮的营养浓度，至少要满足能量、蛋白质、钙、磷、食盐、赖氨酸和蛋氨酸这几个营养指标。同时要考虑到水温、饲养管理条件、饲料资源及质量、水蛭健康状况等诸多因素的影响，对营养需要量标准灵活运用，合理调整。只有满足了水蛭的营养需求，水蛭才能正常地生长，才能顺利地完成发育和繁殖。

最后一个要求就是必须能有效地防止有害微生物污染，并能起到防病作用。在人工配制饵料时，各种容器要经过高温或紫外线辐射消毒，注意各种填充剂的质量选择和清洗、熏蒸。在设计配方时，所用的饲料原料应无毒、无害、未发霉、无污染。严重发霉变质的饲料应禁止使用。在饲料原料中，如玉米、米糠、花生饼、棉仁饼因脂肪含量高，容易发霉感染黄曲霉并产生黄曲霉毒素，损害肝脏。此外，还应注意所使用的原料是否受农药和其他有毒、有害物质的污染。人工饵料中加入适量的抗坏血酸钠、福尔马林、抗生素类药物，均能达到提高饵料质量并减少疾病的目的。

还有一点要注意的就是在水蛭养殖生产中，饲料费用占很大比例，一般要占养殖总成本的60%左右。在配合饲料时，必须结合水蛭养殖的实际经验和当地自然条件，因地制宜、就地取材，充分利用当地的饲料资源，制定出价格适宜的饲料配方。优选饲料配方要注意的是，既要保证营养能满足动物的合理需要，又要保证价格最优。一般说来，利用本地饲料资源，可保证饲料来源充足，减少饲料运输费用，降低饲料生产成本。在配方设计时，可根据不同的养殖方式设计不同营养水平的饲料配方，最大限度地节省成本。

>>>

第二节 水蛭对饵料的要求

一、水蛭的营养需要

同其他动物一样，水蛭的生长发育也需要蛋白质、脂肪、糖类、无机盐和维生素等五大类营养物质。只有这些营养物质都能满足水蛭的需求时，才能促进它的生长发育。由于水蛭在不同的发育阶段，对营养物质的需要量也不完全相同，例如幼蛭和成蛭对蛋白质的需求量就明显有差别，因此我们如果能正确掌握各类营养物质的作用，合理利用各类饵料，对促进水蛭的健康生长和预防疾病，提高单位产量和提高经济效益都有重要意义。

1. 蛋白质

糖类是水蛭体内热量的来源，蛋白质是构成水蛭体内各器官组织细胞的主要成分，水蛭的各种色素、抗体、激素、酶类等也是由蛋白质组成的，肌肉、血液、内脏、皮肤等也是由蛋白质组成的，抵抗疾病的抗体其主要成分也是蛋白质。蛋白质的组织成分是氨基酸，主要功能是培养新组织，如生长、发育、繁殖等；维持体内各机体之间的平稳如排泄等；调节细胞和体液，如调节体液的酸碱度等。因此。蛋白质缺乏就会影响蛭体生长，水蛭对蛋白质的需求量较高，如果摄食的蛋白质成分不足，蛭体会生长停滞，水蛭在长期饥饿时将会用蛋白质作为主要能量物质来维持生命，因此只要饱餐一顿后，它可以较长时间不吃食也不会饿死，蛋白质的分解吸收也是重要的原因。不同时期的水蛭对蛋白质的需求量是不同的，幼年期水蛭对蛋白质的需求量为饵料总量的30%左右，随着个体的长大，所需蛋白质占饵料的总量也在逐渐增加，繁殖期的水蛭蛋白质需要量达80%左右。

2. 脂肪

脂肪是水蛭在生长发育过程中进行新陈代谢重要的能量来源之一，虽然在水蛭体内含量不多，但它却广泛分布于水蛭体内各组织中，尤其在繁殖期和冬眠期，水蛭就是靠分解储存在脂肪组织中的脂肪，释放出能量来维持生理需要，确保生命安全的。脂肪在分解、转化和吸收利用的过程中，可形成激素和其他内分泌腺所分泌的各种物质，因此，脂肪是水蛭生长与繁殖必不可少的营养成分。和所有的动物一样，水蛭也能将摄入体内过多的糖类转化为脂肪，所以一般饵料中都含有适量的脂肪成分，对于水蛭而言，它的脂肪营养需求是不难满足的，关键的问题在于，有时由于配方的因素，可能导致饵料中的脂肪含量过多，长期蓄积在体内并大量沉积在水蛭身体中，就如同人类一般，过度肥胖会对健康产生不良的影响，选择饵料时最好选用脂肪含量在2%～5%为宜。

3. 糖类

糖类又叫碳水化合物，是淀粉、糖和纤维素等的总称，也是水蛭能量的主要来源。水蛭饲料中糖类的作用主要表现在三个方面：一是和其他营养成分一样，主要用于满足水蛭组织细胞对能量的直接需要，尤其是对热能的需求；二是水蛭能将摄入的糖及时转化成糖原并储存在肝脏和身体组织中，为以后能量需要做好准备，一旦条件需要时，这些糖原就转化成糖，供水蛭机体使用；三是能将摄入过多的糖转变成脂肪，作为较大能量的储备。

糖类对于水蛭来说，是非常重要的，以我们人类的食物来比喻，就是我们每日必食的主食，如米饭、面食类。在水蛭饲料中常用麦米、玉米或是豆粕等做为主原料，这些原料中都含有丰富的糖供水蛭使用，优良的饲料中糖类的比例大约在5%～11%。

4. 维生素

要想养殖质量较高、效益较好的水蛭，维生素是重要的促成因子，这是因为维生素是维持水蛭正常生理功能必不可少的营养成分，它是组成辅酶或辅基的基本成分，它可协助营养素的吸收、利用、促进生长，也是代谢作用的辅助因子。水蛭体内如缺乏维生素，便会导致酶的活性失调，新陈代谢紊乱而出现病症。如长期缺乏维生素 A，就可能发生水蛭表皮的病变；长期缺乏维生素 E，可能发生肌肉萎缩，爬行缓慢，无力等症状；长期缺乏维生素 D，就可能影响钙磷的正常代谢等。

水蛭体内所需的维生素是从饵料中来的，因此可在饲料中添加综合维生素，或可利用含丰富维生素 E 的胚芽油。为了让维生素可在最佳时机被利用，尽量使用新鲜的饵料，勿将饲料放置过久，否则时间放置过久，维生素会酸败变质。

5. 矿物质

也就是我们通常所说的无机盐，主要包括钙、磷、钠、硫、氯、镁等元素，它也是重要的营养元素，是水蛭体内代谢作用的辅助因子，是组成蛭体组织和维持正常生理功能不可缺少的营养物质，也是酶系统的重要催化剂，也具有稳定神经的作用。矿物质可以提高水蛭对营养物质的利用率，促进水蛭生长发育，长期缺乏矿物质，水蛭就会出现疾病。

由于一些矿物质水蛭自身是无法自行合成的，因此矿物质的补充更显得重要，除了添加矿物质在饵料中之外，另外经过经常换水，将新水中的矿物质带入水蛭养殖池中也是比较好的方法。

二、饵料的营养成分及其来源

水蛭饵料的营养成分及其来源主要有以下几点：

1. 青绿多汁饵料

由于水蛭是吸食性动物，这类青绿多汁饵料的水分含量较高，十分方便吸食，它可以作为幼小水蛭的辅助饵料，同时也可以作为水蛭天然饵料的原料来源。青绿多汁饵料的特点是粗蛋白质含量较低，无氮浸出物含量中等，适合水蛭的生长。

在养殖上经常用于喂养水蛭的青绿多汁饵料主要有水

浮莲、水葫芦、胡萝卜、浮萍、各种藻类、苜蓿、苦荬菜、莴苣叶、甘薯秧、菠菜、水花生等。最常见的就是藻类和芜萍。

(1) 藻类　个体较小，是水蛭的良好天然饵料之一，在各种小水坑、池塘、沟渠、稻田、河流、湖泊、水库中都存在，基本上与水蛭的生活环境相似，因此在长期的接触中，水蛭可以取它为食。

(2) 芜萍　浮萍植物中体形最小的一种，整个芜萍为椭圆形粒状叶体，没有根和茎，是多年生漂浮植物，生长在小水塘、稻田、藕塘、静水沟渠等水体中。

2. 能量饵料

就是为水蛭的生长发育提供能量需求的饵料，由于能量饵料中无氮浸出物含量较高，而蛋白质含量较低，因此它们是幼龄水蛭和准备越冬的成龄水蛭的主要饵料。能量饲料在日粮中占有相当大的比例，一般占50％以上，所以说能量饲料的营养特性显著地影响着配合饲料的质量。各种饲料所含的有效能量多少不一，这主要决定于粗纤维含量。饲料分类的依据是干物质中含粗蛋白质低于20％，粗纤维低于18％为能量饲料。这类饵料主要包括谷实类如玉米、稻谷、大麦、小麦、燕麦、粟谷、高粱及其他们的加工副产品。

3. 蛋白质饵料

蛋白质饵料的蛋白质含量较高，是为水蛭的生长发育提供最主要的蛋白质来源的，尤其是动物性饵料中粗蛋白的含量更高，是生长期水蛭、成龄水蛭和繁殖期水蛭的主要饵料来源。

常见的蛋白质饵料有黄豆、豌豆、蚕豆、杂豆、豆饼、棉仁饼、菜籽饼、芝麻饼、花生饼等。另一类比较优质的动物蛋白饵料是鱼粉、骨肉粉、虾粉、蚕蛹粉、肝粉、蛋粉、血粉等，它们同时可以发出刺激的味道吸引水蛭前来捕食。

4. 添加剂

在水蛭的饲料中，添加剂的量虽然很少，但是作用却很大，为了提高饲料的利用率和促进水蛭的健康生长，在水蛭的配合饲料中使用的添加剂一般分为三类。

（1）矿物质添加剂　就是为水蛭的生长发育中提供矿物质的，在配料时应了解饲料中的含量，再按饲养标准确定添加矿物质的种类和数量。

（2）维生素添加剂　就是为饲料提供维生素的，促进水蛭的生长发育，目前可作为饲料用的维生素添加物主要有：维生素 A 粉末，维生素 A 油，维生素 D_2 油，维生素 E 粉末，维生素 E 油，维生素 K 粉末，维生素 B_1、维生素 B_2、维生素 B_6，烟酸，泛酸，氯化胆碱等。

（3）非营养性添加剂　包括激素、抗生素、抗寄生虫药物、人工合成抗氧化剂、防霉剂等，使用时严格按生产厂家说明书添加。

>>>

第三节　天然饵料的采集

天然饵料是水蛭生长发育中不可或缺的饵料，因此我们必须准备好，根据水蛭需要饵料的途径不同，可以人为地将天然饵料分为两类，一类是直接供水蛭吸食的饵料，如蛙类、鱼类、螺类、河蚌等，我们称之为直接饵料；另一类就是为人工养殖或自然增殖直接饵料而提供的，它们并不是直接用来被水蛭吸食的，而是先用它们喂养其他的蛙、鱼等，再把蛙、鱼喂给水蛭，因此我们称之为间接饵料，如蛙类生长所需要的昆虫、螺、水蚯蚓类生长所需要的水生生物及腐殖质等都是间接饵料。

一、直接饵料的采集

1. 蛙类的采集

根据蛙类的生活习性，可以采取两种方式进行采集，白天采用垂钓法诱捕；晚上采用灯光法照捕。这两种方法都是人工直接从自然界中捕捉的，可以为水蛭提供鲜活的饵料来源。

在白天进行钓捕时，可用活的昆虫作诱饵，用垂线直接系上钓钩就可以，由于蛙类都是近视眼，它们对静止的东西会视而不见，因此在垂钓时要不时晃动诱饵，让蛙类感觉到诱饵的存在，当蛙吞住诱饵后，就能将它们迅速捕捉。

而在晚上捕捉蛙类时，虽然辛苦，但效果非常好，由于蛙类对光线特别敏感，当用手电照射到蛙时，蛙在光的直射下不知所措，可用手捕捉。捕捉后要及时将蛙放入水蛭养殖场所，以保持最好的鲜活状态。

值得说明的一点就是由于蛙类基本上都是益虫，所以最好不要在野外捕捉蛙类，建议养殖户可以自己人工养殖一部分蛙类，如青蛙、牛蛙、林蛙等。

2. 螺类的捕捉

由于螺类喜欢聚集在水质清新、水草较多的水域，因此可选择螺类比较集中的水库、河流、湖泊等淡水流域，直接用拖网或大抄网捕捞，在捕捞后可用清水暂养一下，然后把螺类放入水蛭养殖场所。

3. 水蚯蚓的捕捞

水蚯蚓通常群集生活在小水坑、稻田、池塘和水沟底层的污泥中，常成片状分布。水蚯蚓生活时通常身体一端钻入污泥中，另一端伸出在水中颤动，受惊后会立即缩入污泥中。身体呈红色或青灰色，它是水蛭适口的优良饵料。采集时将淤泥、水蚯蚓一起装入网中，然后用水反复淘洗，洗净淤泥，逐条挑出，取出水蚯蚓投放入水蛭养殖场所。若饲养得当，水蚯蚓可存活1周以上。

在保存期间若发现虫体变浅且相互分离不成团时，蠕动又显著减弱，即表示水中缺氧，虫体体质减弱，有很快死亡腐烂的危险，应立即换水抢救。在炎热的夏季，保存水蚯蚓的浅水器皿应放在自来水龙头下用小股细流水不断冲洗，才能保存较长时间。

二、间接饵料的采集

1. 昆虫饵料的采集

水蛭的直接饵料是鱼、蛙、螺等，而这些饵料也常常以自然界中的各类昆虫为食，这些昆虫分布极为广泛，种类繁多，是鱼、蛙、螺类的最佳饵料之一，因此做好这类间接饵料的采集也是非常重要的。我们常用的昆虫采收方法有以下几种：

（1）手工捕捉　这在农村中是经常用到的一种捕捉方式，它具有随时随地就可以捕捉的优势，田地里的各种害虫，如黏虫、地老虎、棉铃虫、造桥虫、豆天蛾、菜青虫等，都可以随手捉来饲喂鱼、蛙类，可以变害为利。

（2）纱网捕捉　主要捕捉能飞、能跳的昆虫，例如各种蛾类。采集时手持纱网，在田地里或草丛中左右扫动，边走边扫，为了防止它逃跑，可将收集到的昆虫立即用水泡湿，这样它们的翅膀就无法飞走了，然后再直接投放到水蛭养殖场所，供鱼、蛙类食用。

（3）用灯光诱集　利用一些昆虫尤其是飞蛾类的趋光性，诱杀了附近农田的害虫，既有助于农业丰收，又能解决鱼、蛙的部分饵料。光源可根据实际情况选择高压汞灯、黑光灯、白炽灯等，以高压汞灯和黑光灯诱捕昆虫的效果比较好。选购 20 瓦的黑光灯管，灯架为木质或金属三角形结构。再装配宽为 20 厘米、长与灯管相同的普通玻璃 2～3 片，玻璃间夹角为 30～40 度。虫蛾扑向黑光灯碰撞在玻璃上，俗语叫"飞蛾扑火（灯），自取灭亡"，触昏后掉落水中，有利于鱼、蛙类摄食。在池塘离岸边 3 米处固定安装好黑光灯，并使灯管直立仰空 12～15 度角，以增加光照面，从而提高诱虫量，1～3 亩的池塘一般要挂一组。黑光灯诱虫从每年的 5 月份到 10 月初，共 5 个月时间。诱虫期内，除大风、雨天外，每天诱虫高峰期在晚上 8～9 时，此时诱虫量可占当夜诱虫总量的 85% 以上，午夜 12 点以后诱虫数量明显减少，为了节约用电，延长灯管使用期，深夜 12 点以后即可关灯。在黑光灯上应加一层防雨罩（也可用白铁皮或废旧铝锅盖特制），以防雨天漏电伤人，另外在大风之夜和雨夜，不要开灯诱集。

（4）气味诱集　就是通过人为设置的发出特殊气味的东西来诱集昆虫，例如可在养殖池边种植花草，通过花香引来昆虫，也可在池塘边堆放人、畜粪或动物内脏等，通过这些东西发出的腥臭味诱集蝇蛆或其他昆虫前来。

2. 蜗牛的采集

蜗牛也是我们常见的一种小动物，也是鱼、蛙爱吃的好饵料，另外白玉蜗牛由于壳较薄，它本身就是水蛭爱吸食的直接饵料之一。这些蜗牛喜欢分布在阴暗潮湿的树丛、落叶、石块下，一般在晚上出来活动，尤其是雨后活动更加频繁，我们可以在下雨的第二天早上直接用手捕捉，也可以在树丛里堆放一些杂草、树叶，再在树叶和杂草上放置一些食物，经过一夜的诱捕后，就会有不少的蜗牛被捕捉，然后投入水蛭养殖场所。

3. 蚯蚓的采集

蚯蚓的种类较多，个体都不大，细小柔软，适合鱼、蛙的吞食。蚯蚓一般栖息于温暖潮湿的垃圾堆、牛棚、草堆底下，或造纸厂周围的废纸渣中以及厨房附近的下脚料里。每当下雨或土壤中相对湿度超过80％时，蚯蚓便爬行到地面，此时可直接在潮湿土壤中或有机质丰富的场所挖取，也可用腐烂潮湿的杂草或牲畜粪便诱集，还可用大水驱出后捕捉投入水蛭养殖场所。

4. 水蚤的捕捞

水蚤俗称红虫、鱼虫，广泛分布于淡水河流中，常见的有剑水蚤、长刺水蚤、裸腹蚤、隆线蚤、薄皮蚤和裸蚤等，它是甲壳动物中枝角类的总称。由于水蚤营养丰富，容易消化，而且其种类多、分布广、数量大、繁殖力强，被认为是鱼、蛙理想的天然动物性饵料。水蚤主要生活在小溪流、池塘、湖泊和水库等静水水体，在有些小河中数量较多，而在大江、大河中则较少。一年中水蚤以春季和秋季产量最高，溶氧低的小水坑、污水沟、池塘中的水蚤带红色；而湖泊、水库、江河中的水蚤身体透明，稍带淡绿色或灰黄色。可在傍晚或黎明时捕捞，然后投入水蛭养殖场所。

5. 小鱼虾的捕捞

在农村一些河流、塘坝、沟坎等自然水域中常有大量的小鱼虾，这些小鱼虾尤其是小鱼不但是蛙等可口的饵料，同时也是水蛭自身的直接饵料，可用渔网捕捞后投入水蛭养殖场所，最好要保证是鲜活的。

>>>
第四节　水蛭活饵的人工培育

一、养殖水蛭培育活饵料的意义

活饵料对水蛭的养殖是十分重要的，重要意义体现在以下几个方面：

1. 活饵料是重要的蛋白源

据测定，光合细菌、螺旋藻、轮虫、桡足类、黄粉虫、蝇蛆、蚯蚓中的蛋白质含量相当高，分别为 65.5%、58.5%～71%、56.8%、59.8%、64%、54%～62%、53.5%～65%。而且各营养成分平衡，氨基酸组分合理，含有全部的必需氨基酸，在水蛭养殖中，不论是作为直接饵料还是作为间接饵料，都是最主要的优质蛋白源之一。

2. 活饵料的营养丰富，适合水蛭的营养需求

例如光合细菌、水蚯蚓、螺类等，不但营养价值高，容易被消化吸收，而且对池塘养殖的水蛭有促进生长发育和防病作用。

3. 利用活饵料诱集、驯养野生水蛭，效果很好

这些饵料的体内本身会含有特殊的气味，这些特殊的气味对水蛭有着强烈的刺激性，在闻到这些活饵料特有的气味后，野生水蛭会集群抢食，无论是用来诱集野生环境中的水蛭还是用来驯养捕获的水蛭，效果极佳而且容易消化。

4. 改善池塘的水质

饵料生物是活的生物，在水中能正常生活，优化水质。例如单细胞藻类在水中进行光合作用，放出氧气；光合细菌和单细胞藻类都能降解水中的富营养化物质，有改善水质的作用。

二、枝角类的培育

1. 培养条件

枝角类培养对象应选择生态耐性广、繁殖力强、体形较大的种类，如蚤状蚤、隆线蚤、长刺蚤及裸腹蚤均适于人工培养。人工培养的蚤种来源十分广泛，一般水温达18℃以上时，一些富营养水体中经常有枝角类大量繁殖。凌晨黎明前可用浮游动物网采集，在室外水温低、尚无枝角类大量繁殖的情况下，可采取往年枝角类大量繁殖过的池塘淤泥，其中的休眠卵（即冬卵）经过一段时间的滞育期后，在室内获得或恢复适当的繁殖条件后，也可获得蚤种。

枝角类在水温16～18℃时才大量出现并迅速繁殖，培养时水温以 18～28℃ 时为宜。大多数枝角类在 pH6.5～8.5 之间均可生活，最适 pH7.5～8.0。枝角类对环境溶氧变化有较大的适应性，在培养时，池水溶氧饱和度以80％～120％最为适宜，有机耗氧量控制在 20 毫克/升左右。枝角类对钙的适应性较强，但过量镁离子（Mg^{2+}）（大于 50 毫克/升）对其生殖有抑制作用。人工培养的蚤类均为滤食性种类，其食物主要是单细胞藻类、酵母、细菌及腐屑等。

2. 培养方法

枝角类的培养方法及过程主要有以下几点：

(1) 休眠卵的采集、分离、保存与孵化　枝角类的休眠卵大多沉于水底。据报道，鸟喙尖头蚤的休眠卵在海底从表层到 2 厘米深的海泥处，分布数量占总数量的 60%～100%，而 6 厘米以外的海泥中未确认有休眠卵存在。因此，采集休眠卵，应从底泥表层到 5～6 厘米深处采集。方法是用采泥器采集底泥，将采集的底泥用 0.1 毫米的筛绢过滤，滤除泥沙等大颗粒、杂质，然后放入饱和食盐水中，休眠卵即浮到表层，将其捞出即可。这样分离的休眠卵，可能混有底栖硅藻，给以后的计数操作带来麻烦。为了解决这一问题，可以用蔗糖代替盐水处理。方法是用 0.1 毫米筛绢过滤后的休眠卵放入 50% 蔗糖溶液中，用转速每分钟 3000 转的离心机转 5 分钟，卵即浮到溶液表层。这样分离的休眠卵，不仅干净（底栖硅藻全部沉降），而且回收率高。一次分离回收率即可达 90%，两次分离即可全部回收。休眠卵的保存温度与孵化率有很大关系。保存温度越高，孵化率越低。实验还表明，在底泥中保存的休眠卵比在海水中保存的休眠卵孵化率高。此外，还可以用干燥、冷藏、冷冻的方法保存枝角类的休眠卵。枝角类休眠卵的孵化受生态环境因子的影响，盐度是影响孵化率的重要因子。不同的枝角类，即使同是海水种，其休眠卵孵化对盐度的要求也不同。据对鸟喙尖头蚤的实验，盐度为 25.5‰ 孵化率最高。僧帽蚤属和圆囊蚤属的休眠卵在盐度为 19.2‰ 时孵化率最高。水温对枝角类体会眠卵的孵化率也有很大影响。鸟喙尖头蚤的休眠卵在 18℃ 时孵化率最高。僧帽蚤属和圆囊蚤属的休眠卵孵化率最高的水温为 15℃。光照强度对休眠卵的孵化率也有一定影响。枝角类孵化率最高的光照强度一般在 1000 勒克斯～2000 勒克斯 (Lx)。在最适生态环境中孵化，休眠卵在 3～5 天内开始

76

孵化，在 3 周内几乎全部孵化。

（2）室内培养　枝角类的室内培养主要有以下几种方法。

① 绿藻或酵母培养：培养容器主要是烧杯、塑料桶及玻璃缸。利用绿藻培养时，可在装有清水的容器中，注入培养好的绿藻，使水由清淡变为淡绿色时，即可引种。利用绿藻培养枝角类效果较好，但水中藻类密度不宜过高，一般小球藻密度控制在 200 万个/毫升左右，而栅藻控制在 45 万个/毫升左右即可满足需要，密度过高，反而不利于枝角类摄食。利用酵母培养枝角类时，应保证酵母质量，投喂量以当天吃完为宜，酵母过量极易腐败水质。

② 肥土培养法：培养器具主要有鱼盆、花盆及玻璃缸。如果用直径为 85 厘米的养鱼盆，先在盆底铺一层厚约 6～7 厘米的肥土，注入自来水约八成满，再把培养盆放在温度适宜且有光照的地方，使细菌、藻类大量滋生繁殖，然后引入枝角类 2～3 克作为种源，经数日即可繁殖后代，其产量视水温和营养条件而有高有低，当水温为 16～19℃时，经 5～6 天即可捞取枝角类 10～15 克；当水温低于 15℃时，繁殖极慢。培养过程中，培养液肥力下降时，可用豆浆、淘米水、尿肥等进行适时追肥。

③ 粪肥加稻草培养法：用玻璃缸、鱼盆等作为培养器皿，在室内进行培养，这样受天气变化的影响较小，培养条件易控制。培养时，先将清水注入培养缸内，然后按每升水加牛粪 15 克、稻草及其他无毒植物茎叶 2 克、肥沃土壤 20 克的比例加入培养缸内，粪土可以直接加入，稻草则需先切碎，加水煮沸，再冷却后放入。肥料加入后，用棒搅拌均匀，静置两天后即可引种，每升水接种枝角类 10～20 个，以后每隔 5～6 天施追肥一次，追肥比例

同上，宜先用水浸泡，然后取其肥液追施，继续培养，数天后枝角类就开始繁殖，随取随用，效果较好。

④ 老水培养法：也用玻璃缸、鱼盆等作为培养器皿。取用鱼池子里换出来的老水，取上面澄清液作为培养液，因为这种水体中含有多种藻类，都是枝角类的良好食料，所以培育效果很好，但水中的藻类也不能太多，多了反而不利于枝角类的取食。

（3）室外培养

① 堆肥培养法：以混合堆肥为主，土池或水泥池都可以，面积大小视需要量而定，一般大于 10 米²，池子的深度要达 1 米左右，注水 70～80 厘米，加入预先用青草、人畜粪堆积并充分发酵的腐熟肥料，按每亩水面 500 千克的数量施肥，并加生石灰 70 千克，有利于菌类和单细胞藻类大量滋生繁殖。7～10 天后，每立方米水体接种枝角类 20～40 克作为种源，接种后每隔 2～3 天便追肥一次，经 5～10 天培养，待见到大量鱼虫繁殖起来，即可捕捞。捞取枝角类成虫后应及时加注新水，同时再追肥一次，如此便可继续培养、陆续捕捞。只要水中溶氧充足，pH5～8，有机耗氧量在 20 毫克/升左右，水温适宜时，枝角类的繁殖很快，产量也很高。

② 粪肥培养法：以粪肥为主的培养方法，既可以用土池，也可以用水泥池进行培养，池子的大小，以 10～30 米² 为宜，水深 1 米，先往池中注入约有 50 厘米深的水，然后施肥，一般每立方米水体投粪肥（人畜粪均可）1500 克、肥沃土壤 1500～2000 克作为基肥，以后每隔 7～8 天追肥一次，每次施粪肥 750 克。加沃土的目的是因为它有调节肥力和补充微量元素的作用。

若用土池培养时，施肥量则应相对增加，每立方米水体可施粪肥 4000 克，稻草 1500 克（麦秆或其他无毒植物茎叶均可）作基肥。施肥后应捞去水面渣屑，将池水曝晒 2～3 天后，就可接种，每立方米水体可接种 30～50 克枝角类为宜，接种 7～10 天后，枝角类大量繁殖。通常根据水色酌情施加追肥，若池中水色过清，则要多施追肥；水色为深褐色或黑褐色时，应少追肥或不追肥，一般池水以保持黄褐色为宜。

③ 无机混合肥培养法：主要是用酵母和无机肥混合培养，适用于水泥池和土池，面积可大可小，施肥量以每立方米水体施放酵母 20 克（先在桶内泡约 3～4 个小时）、硫酸铵［$(NH_4)_2SO_4$］37.5 克作为基肥。以后每隔 5 天施追肥一次，酵母和无机肥数量各减半施加。施基肥后，将池水曝晒 2～3 天，捞去水面漂浮物（污物），然后引种。引种数量以每立方米水体 30～50 克为宜，引种后及时追肥。经 7～10 天后，枝角类大量繁殖时即可捞取，每隔 1～2 天，可捞取 10%～20%。当捞过数次以后，如果池中枝角类数量不多时，就及时添水追肥，继续培养。

（4）工厂化培养 枝角类的主要培养种类为繁殖快、适应性强的多刺裸腹蚤，这在国外育苗工艺中最为常见。该蚤也是我国各地的常见品种，以酵母、单细胞绿藻进行培养时，均可获得较高产量。在室内工厂化培养时，采用培养槽或生产鱼苗用的孵化槽均可。培养槽从几吨到几十吨不一而足，用塑料槽，也可用水泥槽，一般规格为 3 米×5 米×1 米。槽内应配备良好的通气、控温及水交换装置，为防止其他敌害生物繁殖，可利用多刺裸腹蚤耐盐性强的特点，使用粗盐将槽内培养用水的盐度调节至 1%～2%，其他生态条件控制在最适范围之内，即水温在 22～28℃，pH8～10，溶氧量（D·O）≥5 毫克/升，枝角类接种量为每吨水接种 500～1000 个左右。如果用面包酵母作为饵料，应将冷藏的酵母用温水溶化，配成 10％～20％ 的溶液后向培养槽内泼洒，每天投饵1～3 次，投饵量约为枝角类湿重的 50％，一般在 24 小时内吃完为适宜。如果用酵母和小球藻（或扁胞藻）混合投喂，则可适当减少酵母的投喂量。接种两星期后，槽内枝角类数量便达高峰，出现群体在水面卷起漩涡的现象，此时可每天采收。如果生产顺利，采收时间可持续 20～30 天左右。

3. 培养管理

枝角类在培养过程中，一定要加强对它的培养管理，才能取得更好的效果，这些管理措施包括以下几个方面，不可掉以轻心。

（1）充气　枝角类培养过程中，微量充气或不充气。但种群密度大时，必须充气。

（2）调节水质　培养枝角类水体的水质指标，主要有溶解氧量、生物耗氧量、氨氮量、酸碱度等。溶解氧过高或过低都会影响生长，有机物耗氧量在 38.35～55.43 毫克/升范围，最适宜于大型蚤的大量培养。大型蚤喜欢碱性水体，在 pH8.7～9 范围内最为适宜，在 pH6 时亦不致阻碍其生长繁殖，在低 pH 的水环境中，枝角类往往会产生有性生殖。水质的调节可以通过加入新水或控制施肥量来达到。

（3）控制密度　培养枝角类的种群密度，不宜太大，否则生殖率降低，死亡率增高。但是，种群密度太小也同样不利于枝角类的生长。枝角类只有在适宜的种群密度时，生长量和生殖量才能达到最高限。控制枝角类的种群密度，一方面必须提供适宜的培养生态条件，另一方面对种群密度进行调整，如种群密度过小时，可增加接种量或浓缩培养水体；如种群密度过大时，可扩大培养水体或采用换水的办法稀释水体中的有毒物质。

（4）适时追肥　培养水体中需要定期追施肥料，以保持枝角类饵料的数量。追肥量可以在施肥的基础上减半，另外要根据枝角类的数量来调节。

三、水蚯蚓的培育

水蚯蚓用于人工培育的种类主要有霍氏水丝蚓，其个体长 5～6 厘米，也有 10 厘米或更长的，其群体产量较高。它们喜生活在带泥的微流水水域，一般潜伏在水底有机质丰富的淤泥下 10～25 厘米处，低温时深埋泥中，喜暗，不能在阳光下曝晒。刚孵出的幼蚓体长为 0.6 厘米，两个月左右性成熟。人工养殖的水蚯蚓，其寿命约为 3 个月，体长 50～60 毫米。

水蚯蚓具有较高的营养价值，干物质中蛋白质含量高达 70% 以上，粗蛋白中氨基酸齐全，含量丰富，是水蛭、泥鳅、金鱼的珍贵活饵料。水蚯蚓天然资源丰富，在污水沟、排污口以及码头附近数量特别多，人工培育水蚯蚓方法简便易行，现简要介绍其培养方法：

1. 建池

首先要选择一个适合水蚯蚓生活习性的生态环境来挖坑建池，要求水源良好，最好有微流水，土质疏松、腐殖质丰富的避光处，面积视培养规模而定，一般以 3～5 米²为宜，最好是长 3～5 米，宽 1 米，水深 20～25 厘米，两边堤高 25 厘米，两端堤高 20 厘米。池底要求保水性能好或敷设三合土，池的一端设一排水口，另一端设一进水口。进水口设牢固的过滤网布，以防敌害进入，堤边种丝瓜等攀缘植物遮阳。

2. 制备培养基料

制备良好优质的培养基，是培育水蚯蚓的关键，培养基的好坏取决于污泥的质量。选择有机腐殖质和有机碎屑丰富的污泥作为培养基料。培养基的厚度以 10 厘米为宜，同时每平方米施入 7.5～10 千克牛粪或猪粪作基底肥，在下种前每平方米再施入米糠、麦麸、面粉各三分之一的发酵混合饲料 150 克。

3. 引种

每平方米引入水蚯蚓 250～500 克为宜，若肥源、混合饲料充足时，多投放种蚓，产量更高。一般引种后 15～20 天后即有大量幼蚯蚓密布土表，刚孵出的幼蚯蚓，长约 6 毫米左右，像淡红色的丝线，当见到水蚯蚓环节明显呈白色时即说明其达到性成熟。

4. 日常管理

培养基的水保持 3～5 厘米为佳，若水过深，则水底氧气稀薄，不利于微生物的活动，投喂的饲料和肥料不易分解转化；过浅时，尤其在夏季光照强，影响水蚯蚓的摄食和生长。水蚯蚓常喜群集于泥表层 3～5 厘米处，有时尾部露于培养基表面，受惊时尾鳃立即潜入泥中。水中缺氧时尾鳃伸出很宽，在水中不断搅动，严重缺氧时，水蚯蚓离开培养基聚集成团浮于水面或死亡。因此，培育池水应保持微细流水状态，缓慢流动，防止水源受污染，保持水质清新和丰富的溶氧。水蚯蚓适宜在 pH5.6～9 的范围内生长，因培养池常施肥投饵，pH 值时而偏高或偏低。水的流动，对调节 pH 值有利。水蚯蚓个体的大小随温度、pH 值的高低而适当变化，因此每天应测量气温与培养基的温度，每周测一次 pH 值。水蚯蚓生长的最佳水温是 10～25℃，溶氧不低于 2.5 毫克/升。进出水口应设牢固的过滤网布以防小杂鱼等敌害进入。但在投饵时应停止进水，每三天投喂一次饵料即可，每次投喂的量以每平方米 1.5 千克精饲料与 2 千克牛粪稀释均匀泼洒，投喂的饲料一定要经 16～20 天发酵腐熟处理后才可使用。因此水蚯蚓养殖成功的关键首先是水环境的好坏，其次是对药物的抵抗力及培养基的肥沃度。

5. 饵料投喂

用发酵过的麸皮、米糠作饲料，每隔 3～4 天投喂一次，投喂时，要将饲料充分稀释，均匀泼洒。投饲量要掌握好，过剩则水蚯蚓的栖息环境受污染，不足则生长慢，产量上不去。根据经验，精料以每平方米 60～100 克为宜。另外，间隔 1～2 个月增喂一次发酵的牛粪，投喂量为每平方米 2 千克。

6. 消除敌害

养殖期间，培养基表面常会覆盖青苔，这对水蚯蚓的生长极为不利，宜将其刮除。一般刮除一次即可大大降低青苔的光合作用而抑制其生长，连续刮 2～3 次即可消除，不能用硫酸铜治青苔，因为水蚯蚓对各种盐类的抵抗力很弱。另外要防止泥鳅、青蛙等敌害的侵入，一旦发现应及时捕捉，否则将会大量吞食水蚯蚓。

7. 采收

水蚯蚓繁殖力强，生长速度快，寿命约 80 天，在繁殖高峰期，每天繁殖量为水蚯蚓种的 1 倍多，在短时间可达相当大的密度，一般在下种后 15～20 天即有大量幼蚯蚓密布在培养基表面，幼蚓经过 1～2 个月就能长大为成蚓，因此要注意及时采收，否则常因水蚯蚓繁殖密度过大而导致死亡、自溶而减产。通常在引种 30 天左右即可采收。采收的方法是，在采收前的头一天晚上断水或减少水流，迫使培育池中翌日早晨或上午缺氧，此时水蚯蚓群集成团漂浮水面，就可用 20～40 目的聚乙烯网布做成的手抄网捞取，每次捞取量不宜过大，应保证一定量的蚓种，一般以捞完成团的水蚯蚓为止，日采收量以每平方米能达 50～80 克，合每亩 30～50 千克。

四、福寿螺的培育

福寿螺又称瓶螺、大瓶螺、南美螺、苹果螺、龙凤螺，高蛋白、低热量，并含有维生素 C 和胡萝卜素，确是一种好的滋补佳品，也是最佳的动物性鱼粉替代品。在人工养殖水蛭时，福寿螺也是水蛭最喜爱吸食的饲料源之一。

1. 福寿螺的生活习性

福寿螺喜欢生活在较清澈的淡水中，多栖息在水域边缘或附着在挺水植物根部，在水较浅的水域中，也栖息在水底层，福寿螺的运动方式有两种，一是靠发达的腹足紧紧黏附在物体表面爬行；二是吸气漂浮在水面后，靠发达的腹足在水面作缓慢游泳。

福寿螺喜欢在温暖的条件下生活，喜集聚在池边和出入口处，喜阴怕光，特别是对强光直射具有较强的避让能力。白天较少活动，晚上活动频繁。黄昏以后，多在水面觅食，若是遇到险情时，便立即放出空气，紧急下沉，以避敌害。福寿螺活动的强弱与环境变化关系密切，对水温、水质的变化尤为敏感。福寿螺的生存温度为 10～40℃，最适水温为 25～32℃，温度低于 10℃ 或高于 40℃ 时，其生长发育就要受到影响，其最高临界水温可达 46℃，最低临界水温为 7℃，水温达 28℃ 以上时，活动最频繁，生长最快，水温在12℃以下时，活动明显减弱，水温在8℃时，基本上停止活动，进入冬眠状态，12月初至翌年3月下旬，水温比较低，是福寿螺的越冬期，4～11月是它的生长期。水质清新时活动能力强，水质较劣时，大螺就先浮出水面，基本停止活动，小螺对环境变化的适应能力较弱，很快死亡。

2. 福寿螺的食性

福寿螺的摄食器官是口，口为吻状，可伸缩，口内有角质硬齿，用于咬碎食物。福寿螺为杂食性，食物的构成随着发育程度而变。在天然环境下，刚孵出的小螺以吸收自身残留的卵黄维持生命，卵黄吸收完毕前，摄食器官初步发育完善，便转食大型浮游植物，在人工养殖环境下，食物的构成主要是以人工投饲为主，天然饵料为辅。幼螺食青草、麦麸等细小的饲料，成螺主食水生植物、动物尸体及人工投饲的商品饲料，苦草、水花生、浮萍、凤眼莲、青菜叶、瓜叶、瓜皮（要切成块，便于取食）、果皮、死鱼、死禽畜、花生麸、豆饼、米糠、玉米粉及少量的禽畜粪肥、腐殖质等都可以用来喂养福寿螺。种螺除了投喂青饲料外，还要投喂一些商品饲料，对受污染、有化学刺激性的以及茎、叶长有芒刺的植物有回避能力。投放浮萍等水浮性饲料的主要作用是有利于螺体附着，浮于水面活动。

福寿螺的食性很广，但其对饲料有一定的选择性，在人工养殖的情况下，幼螺喜食小型浮萍，成螺喜食商品饲料，若长期投喂商品饲料后突然转投青料，它便出现短期绝食现象，在饥饿状态下，大螺也会残食幼螺及螺卵。福寿螺夜间摄食旺盛，小食物一口吞入，大食物先用齿舌锉碎，尔后再吞入。

85

福寿螺的摄食强度，一是易受季节变化影响，水温较高的夏秋季，摄食旺盛，水温较低的冬春季，摄食强度减弱，甚至停食休眠；二是易受水质条件影响，在水质清新的水体中，其摄食强度大，水质条件恶劣时，摄食强度小，甚至停食。

3. 福寿螺的养殖方式

福寿螺的养殖方式多种多样，一般常见水域及水体都可进行养殖。既可从小螺到成螺一起养殖，也可分阶段具体养殖。在幼螺阶段可以用小池、缸盆饲养，成螺阶段可以在水泥池、缸等小水体中饲养，也可在池塘、沟渠、稻田中饲养。我国华北地区饲养 3～4 个月，平均体重可达 70 克以上，而在南方养殖一年可长到 200 克左右，最大个体达 400～600 克，通常在池塘中专池饲养亩产可达 5 吨左右，产值和效益也比较可观。

（1）用水泥池精养 水泥池精养的优点一是单位面积的产量高；二是易管理。若水泥池较多时，可配套排列分级养殖。水泥池精养时的放养密度应根据种苗大小和计划收获规格而定，一般地，初放密度每平方米总体重不宜大于 1 千克，最后可收获 5 千克左右。

（2）用小土池精养 小土池精养的优点一是成本低；二是产量高；三是管理方便。小土池精养的放种密度应比水泥池精养密度小，小土池养福寿螺，生长速度稍比水泥池方式快，且水体质量容易控制，是目前主要的养殖模式。

（3）用池塘养殖 池塘水面较开阔，水质较稳定，故池塘养殖福寿螺生长速度快，产量高，亩产高的可超过万斤。为了方便管理，养殖福寿螺的池塘，面积不宜太大，水位不宜过深，一般面积以 1～2 亩左右为宜，水深在 1

米较适合。养殖密度可大可小，故每亩可放养小螺为5～10万粒，可实行一次放足，多次收获，捕大留小，同时创造良好的环境，促进其自然繁殖，自然补种。

（4）用网箱养殖 大水面较大、水质较好的池塘或湖泊、水库里，架设网箱养螺。由于网箱环境好，水质清新，故螺生长快、单产高，还具有易管理、易收获的优点。其放养密度可比水泥池稍大，每平方米的放养量可超过1.1千克，收获时的产量可超过6千克。网箱的网目大小以不走幼螺为度，一般用10目的网片加工而成，养螺的深度设置可低于网箱养鱼的深度，箱高50厘米为好，在网箱里可布设水花生、水浮莲等攀爬物。

（5）利用水沟养殖 养殖福寿螺的水沟，宽1米、深0.5米为好，可利用闲散杂地开挖沟渠养螺。也可利用瓜地菜地、园地的浇水沟养殖福寿螺。新开挖用于养螺的水沟要做好水源的排灌改造，做到能灌能排，同时也要做好防逃设施，开好沟后，用栅栏把沟拦成几段，以方便管理，沟边可以种植瓜、菜、豆、草等，利于夏季遮阳，也可充分利用空间，增加收入。利用水沟养螺的优点是投资少，产量较高，其放养密度与小土池精养时放养密度相当。

（6）利用稻田养殖 稻田养殖福寿螺，可以增加土地肥力，具体做法分为三种，一种是稻螺轮作，即种一季稻养一季螺；二是稻螺兼作，即在种稻的同时又养螺，水稻起遮阳作用，使螺有一个良好的生活空间；三是变稻田为螺田，常年养螺。

4. 福寿螺的养殖技术

福寿螺进行人工养殖具有可控性强、产值利润率高的特点，人工养殖福寿螺的过程大体上可以分为以下几个步骤：

（1）整理养殖场地　福寿螺对养殖场的要求不高，凡是水质较好、水源较近、进排水方便的浅塘、沟渠、洼地、土坑等零星水面以及菜畦、水泥池等地稍加改造均可养殖。人工养殖场要求以防逃设施好、无污水污染、投饲方便的场地为佳。但是由于该螺食量大，投放饲料多，排泄物也多，所以要求养殖场必须排灌方便，能经常换水。由于人工投饲量大和螺的排泄物多，水体自净能力差，因此要求每周换水两次，这也是确保养殖成功的关键。在水泥池中先放一层 3～6 厘米厚的肥泥，然后放进福寿螺进行正常养殖。池塘、沟渠、土坑等场所先排干水，然后用生石灰清除敌害，再放入清水并投入福寿螺养殖。由于福寿螺喜爱在浅水区和塘边四周活动，为了最大限度地利用空间，可将面积较大的池塘用网布隔开，形成若干个生产小区，以便于投饲、采收和管理。利用菜畦改造后养殖福寿螺的，可隔畦挖一条深 70～80 厘米的螺溜沟，保持水位在 40～60 厘米，并适时栽上部分水草或插上竹竿等攀爬物，为福寿螺的栖息提供良好的环境场所，及时疏通排灌渠，确保水源通畅，最好能保持微流水。大规模商品化生产的，最好用水泥池实行高密度集约化精养殖。水泥池长一般为 4 米、宽 3 米、高 1 米，体积 12 米^3。新建的水泥池，在使用前半个月，最好每平方米用苏打水 2 千克或泼洒白醋 0.5～0.75 千克或引入头遍淘米水，浸泡 3 天后，用板刷刷洗一遍，再用清水淋洗后注入新鲜水 30～40厘米深，池边离水面 15 厘米处设一铁刷或竹制三角架，上面放几个孔径 0.5 厘米的竹筛，作为卵块孵化场地，待雌螺产卵次日，铲起卵块集中放于竹筛进行自然孵化。

（2）对福寿螺进行分级饲养　由于福寿螺养殖密度

大，繁殖力强，各阶段的螺对水质、溶氧的要求各异，因而，分级饲养、专池专养有利于福寿螺养殖的规格一致，大小整齐，也有利于集体繁殖。刚孵出的幼螺，抵抗力较差，宜专池放养于小水泥池中养殖。幼螺孵出的第一周，每天投喂两次麦糠和浮萍，投入的数量随小螺的生长而增加，7天后，当螺生至小花生米那么大时，就要增放水浮莲、水花生等水生植物，让螺自由取食，进出水口的栅栏要经常检查，防止幼螺随水流走。小水泥池长2米、宽2米、高0.5米，水中放淤泥3厘米，水深5～10厘米，要求注排水方便、水质清新，水体溶解氧含量高，水质欠佳时，容易导致幼螺大量死亡。水泥池中人为放置的可供栖息攀爬的水草、竹枝及其他攀附物较多时，要适时投喂精料，积极清除敌害。每平方米可放养500～800只。当近一个月的精心饲养后，幼螺长到1～3克重时，可转入大水面的成螺池中养殖。各种塘、沟、堑、坑等水体均可进行成螺人工养殖。由于此时的福寿螺逃逸能力和欲望特别强烈，因此在这段时间要重点做好防逃设施的检查和维护，注意进排水的通畅和灌注的方便，投喂的饲料宜精粗合理搭配。随着螺体长大，水深由15厘米逐渐加深到60～80厘米，放养密度为500只/米^{2}左右；当福寿螺长到10克左右，便进入性成熟阶段。为了便于雌雄福寿螺的交配、产卵和人工采卵，此时可将性成熟螺选出放于专池中培养，放养密度减少为50～100只/米^2。

（3）加强投饵技术　福寿螺主要摄食植物性饲料，如青萍、紫背浮萍、各种水草、水浮莲、冬瓜、南瓜、西瓜、茄子、蕹菜和白菜等。刚出壳的幼螺，宜投喂紫背浮萍、嫩菜叶、细米糠等饲料，随着螺体逐渐长大，可增投水草、菜叶、瓜果等浮水性饲料，以利于福寿螺浮于水面攀附采食。投饵采用四定法，即定时、定点、定质、定量。每日早晚各投喂一次，以上午 9 时投喂、下午 5 时投喂为宜。定量措施通常采用隔日增减法，即根据前一天的吃食情况及剩余饵料多少来决定当天的投喂量，注意既要保证福寿螺吃饱吃好，又要注意不可过剩，以免腐烂沤臭水质；定质则要求所投喂的饵料新鲜不变质，精细搭配合理。投喂幼螺饵料时要求全池遍洒，保证幼螺尽可能都采食；投喂成螺时，可采取定点定位投饲，视每池的大小，确定固定的十来个投饲点。为了确保溶氧充足，保证福寿螺快速生长，在喂食后，池内水体要保持清新，每隔几天就要把植物性饵料残叶捞出，同时要注意水体勤排勤灌，每隔 3～5 天可以换冲水一次。

（4）做好防逃防害工作　由于福寿螺具有攀爬的生活习性，特别是在露天养殖的情况下更易发生逃跑事件。若遇到小雨时，在第二日凌晨特别注意福寿螺可能会大批逃跑，因而防逃设施不可少。一般在池塘四周用宽 25 厘米的塑料薄膜围住专养池即可，进排水口均用纱布防逃，福寿螺肉质肥厚，因而易成为鼠类、蛇类的天然美食，所以要特别防治这些敌害，一旦发现，应尽可能性捕杀。另外，池水切忌被农药、石灰水污染，若使用自来水养殖时，事先需将自来水放在阳光下曝晒 1～2 天或经充分搅拌去氯后方能引入池中。

五、田螺的培育

田螺属于软体动物门、腹足纲、田螺科，是一种淡水腹足类，和福寿螺一样，田螺也是水蛭喜食的优质活饵料。

1. 田螺的生活习性

田螺栖息于土质柔软、腐殖质较多、饵料丰富的湖泊、池塘、沟渠、水田中，以水生植物、浮游动物残体和细菌、腐屑等为食。平时用宽大的足部在水底、地下、水生植物上爬行，生长适温为 $20 \sim 27\,^{\circ}\mathrm{C}$，此时田螺最为活跃，食欲旺盛，水温超过 $30\,^{\circ}\mathrm{C}$ 时，会将肉体缩入壳内，停止摄食并群集于阴凉处栖息或用厣封口潜入泥土中避暑，水温超过 $40\,^{\circ}\mathrm{C}$ 时，便会闷热死亡。如果没有遮阳防暑设施，田螺会很快被烫死。田螺耐寒力强，冬天水温在 $8\,^{\circ}\mathrm{C}$ 以下时，田螺便用壳盖掘一 $10 \sim 15$ 厘米深的洞穴，潜入里面冬眠越冬，只要有水分就不会死亡，至翌年春季水温回升到 $15\,^{\circ}\mathrm{C}$ 左右，又重新出穴活动摄食。

2. 养殖场地的修建

人工养殖田螺投资少、管理方便、技术简单、效益比较高，因而有计划地发展田螺养殖，既可满足市场需求，又能为特种水产品提供大量优质饵料。

人工养殖田螺，既可开挖专门的养殖池，也可利用稻田、洼地、平坦沟渠、排灌池塘等养殖。专门的养殖池应选择水源有保障、管理方便，没有化肥、农药、工业废水污染的地方，利用稻田养殖，既不能施肥，又不能犁耙。在进出水口安装铁丝或塑料隔网，以便进行控制。养殖池最好专池专养，分别饲养成螺、亲螺和幼螺，一般要求池宽 15 米，深 $30 \sim 50$ 厘米，长度因地制宜，以便于平时的日常管理和收获时的捕捞操作，养殖池的外围筑一道高 $50 \sim 80$ 厘米的土围墙，分池筑出高于水面 20 厘米左右的堤埂，以方便管理人员行走。池的对角应开设一排水口和一进水口，使池水保持流动畅通。进出水口要安装铁丝网或塑料网，防止田螺越池潜逃，养殖池里面要有一定厚度的淤泥。水泥池在使用前要用 5% 的苏打水（$NaHCO_3$ 碳酸氢钠）全池浸泡一昼夜，再用清水洗净后方可使用，这个过程称为脱碱。在放养前一周，首先要先培育天然饵料，方法是用鸡粪和切碎的稻草按 3∶1 的比例制成堆肥，按每平方米投放 1.5 千克作为饵料生物培养床，同时适当在池内种植茭白、水草或放养紫背浮萍、绿水芜萍、水浮莲等，水下设置一丝木条、竹枝、石头等隐蔽物，以利于螺遮阳避暑、攀爬栖息和提供天然饵料、提高养殖经济效益。

3. 亲螺来源及繁殖

人工养殖田螺的亲螺来源，可以在市场上直接购买，但最好是自己到沟渠、鱼塘、河流里捕捞，既方便又节约资金，更重要的是从市场上购买的亲螺不新鲜，活动能力弱。亲螺质量的好坏直接影响养螺的经济效益，因此要认真挑选，一般应选择螺色青淡、壳薄肉多、个体大、外形圆、螺壳无破损、厣片完整者为亲螺。田螺为雌雄异体，一般雌性大而圆，雄性小而长，外形上主要从头部触角上加以区分，雌螺左右两触角大小相同且向前伸展；雄螺的右触角较左触角粗而短，末端向内弯曲，其弯曲部分即为生殖器。田螺群体呈现出"母系氏族"性质，即雌螺占绝大多数，约占 75%～80%，雄螺仅占 20%～25%。在生殖季节，田螺时常上下或横转作交配动作，受精卵在雌螺育儿囊中发育成仔螺产出。每年的 4～5 月和 9～10 月是田螺的两次生殖旺季。田螺是分批产卵型，产卵数量随环境和亲螺年龄而异，一般每胎 20～30 个，多者 40～60 个，一年可生 150 个以上，产后 2～3 个星期，仔螺重达 0.025 克时即开始摄食，经过一年饲养便可交配受精产卵，繁殖后代。根据生物学家的调查，繁殖的后代经过 14～16 个月的生长又能繁殖仔螺。

4. 幼螺养殖技术

幼螺是指从卵孵化后 30 天内的螺体，刚孵化后的幼螺，体质娇嫩，但十分灵活好动，爬行迅速敏捷，为了确保成螺的质量和养殖，必须做好幼螺的保护和养殖措施，目前生产上常用幼螺饲养箱专门饲养幼螺。

（1）首先是幼螺饲养箱的准备　幼螺饲养箱通常采用立体式，多层箱体相互叠加，每层箱高 10 厘米，一般规格为 20 厘米×17 厘米×10 厘米，养殖土（营养土）5 厘米厚，留有空间 5 厘米，有条件的可在箱底下面铺设一层 3 厘米左右的碎石子和鹅卵石，以增加养殖土的透气性和透水性。

（2）其次是加强饲养管理　幼螺孵出后，通常藏在松软的泥土里两天后才陆续爬到土表活动，此时应把幼螺及时转移到幼螺饲养箱内饲养。刚孵化出的幼螺壳特别薄，体质娇嫩，对外界环境适应能力很差，在转移幼螺的过程中，不能用手抓捏或用夹子来夹取，只能用菜叶或湿布盖在土表，上面撒些诱饵，诱集幼螺爬到菜叶或湿布上，再把它们一起转移到幼螺饲养箱内，以免碰伤幼螺。

幼螺生长特别快，饮料要求新鲜多汁，含营养成分丰富，2～3 天更换一次食物种类。根据需要可以多投喂一些鲜嫩多汁的瓜果、菜叶，辅以部分麦面、米糠、米粉、钙粉或鸡蛋壳粉等精料，有条件的还可在菜叶上面洒些牛奶等，如果适当投喂一些干酵母粉，将对幼螺的生长有很大的促进作用。

（3）再次要掌握合理的饲养密度　随着幼螺的生长，饲养密度应逐渐由密到稀，以免发生拥挤、取食困难而被迫休眠，从而造成生长缓慢，甚至死亡。放养密度以每平方米面积投放幼螺 2000～3000 只为宜。

（4）最后就是要保证合适的温度与湿度　幼螺对外界环境抵抗力较弱，所以要特别注意温度和湿度的控制，室内温度一般控制在 20～30℃ 之间，昼夜温差不得超过5℃，原则上要求室内湿度在 70%～80% 的范围内。在实际饲养中，室内湿度很难保持这一要求，故应在饲养箱内外的湿度上下工夫。土壤底部的含水量以 30%～40% 为宜，昼夜湿度差不得超过 10%，湿度忽高忽低，易引起幼螺死亡，在早春和入冬季节，应注意做好防寒保暖工作，空气或养殖土过干或过湿，都对幼虫生长不利，过湿易孳生病菌和昆虫。饲养土易霉烂，引起幼螺受病菌侵害而大量死亡，过干则会使螺体失去水分，影响生长，甚至死亡。天热时应每天多喷洒几次水。喷水时最好用喷雾器形成雾状水粒为佳，不能把水直接喷洒在幼螺身上，否则易导致幼螺死亡。喷过水后，箱上盖好湿布，保持养殖土湿润。所用的水如果是城市自来水，因其中含有漂白粉，需放在太阳下曝晒 2～3 天去除余氯后方可使用。

5. 成螺养殖

成螺比幼螺更易适应环境变化，因而可以在各种水域中养殖。

（1）投放密度　人工养殖田螺，必须根据实际灵活掌握种螺的投放密度。一般情况下，在专门单一养成螺的池内，密度可以适当大一些，每平方米放养种螺 150～200个，如果只在自然水域内放养，由于饵料因素，每平方米投放 20～30 个种螺即可。

（2）饵料投喂　田螺的食性很杂，人工养殖除由其自行摄食天然饵料外，还应当适当投喂一些青菜、豆饼、米糠、番茄、土豆、蚯蚓、昆虫、鱼虾残体以及其他动物内脏、畜禽下脚料等。各种饵料均要求新鲜不变质，富有养分。仔螺产出后 2～3 个星期即可开始投饵。田螺摄食时，因靠其舌舔食，故投喂时，应先将固体饵料泡软，把鱼杂、动物内脏、屠宰下脚料及青菜等剁碎，最好经过煮熟成糜状物后，再用米糠或豆饼麦麸充分搅拌均匀后分散投喂（即拌糊撒投），以适于舔食的需要。每天投喂一次，投喂时间一般在上午 8～9 时为宜，日投饵量大约为螺体重的 1%～3%，并随着体重的逐渐增长，视其食量大小而适量调整，酌情增减。对于一些较肥沃的鱼螺混养池则可不必或少投饵料，让其摄食水体中的天然浮游动物和水生植物。

（3）科学管理　人工养殖田螺时，平时必须注意科学管理，才能获得好的收成。

① 注意观测水质水温：田螺的养殖管理工作，最重要的是要注意管好水质、水温，视天气变化调节、控制好水位，保证水中有足够的溶氧量，这是因为田螺对水中溶氧很敏感。据测定，如果水中溶氧量在 3.5 毫克/升以下时，田螺摄食量明显减少，食欲下降；当水中溶解氧降到 1.5 毫克/升以下时，田螺就会死亡；当溶解氧在 4 毫克/升以上时，田螺生活良好。所以在夏秋摄食旺盛且又是气温较高的季节，除了提前在水中种植水生植物，以利遮阳避暑外，还要采用活水灌溉池塘即形成半流水或微流水式养殖，以降低水温、增加溶氧。此外，凡含有强铁、强硫质的水源，绝对不能使用。受化肥、农药污染的水或工业废水要严禁进入池内。鱼药五氯酚钠对田螺的致毒性极强，因此禁止使用。水质要始终保持清新无污染，一旦发现池水受污染，要立即排干池水，用清新的水换掉池内的污水。

② 注意观察采食情况：在投饵饲养时，如果发现田

螺厣片收缩后肉溢出时，说明田螺出现明显的缺钙现象，此时应在饵料中添加虾皮糠、鱼粉、贝壳粉等；如果厣片陷入壳内，则为饵料不足饥饿所致，应及时增加投饵量，以免影响生长和繁殖。

③ 加强螺池巡视：田螺有外逃的习性，在平时要注意加强螺池的巡视，经常检查堤围、池底和进出水口的栅闸网，发现裂缝、漏洞，及时修补、堵塞，防止漏水和田螺逃逸；同时要采取有效措施预防鸟、鼠等天敌伤害田螺；注意养殖池中不要混养青、鲤、鲈鱼等杂食性和肉食性鱼类，避免田螺被吞食；越冬种螺上面要盖层稻草以保温、保湿。

六、河蚌的培育

河蚌也是一种软体动物，它也是水蛭最喜爱的活饵料之一，在清明节前后我们剖开河蚌时，就可以看到河蚌里会长有许多大大小小的水蛭，因此在人工养殖水蛭时，一定要保证充足的河蚌供应，可以大规模地培养。

河蚌生长较快，适应环境能力强，行底栖生活，常群集生活在湖泊、江河、水库、池塘等浅水泥沙区，以滤食小型浮游植物和有机物碎屑为生，能高密度人工养殖。

1. 河蚌的生活习性

河蚌栖息于土质柔软的淡水河流、湖泊，喜食微小动物残体、细菌和腐屑，平时将整个壳体埋藏在池底淤泥中，只将吸管伸在水中进行呼吸，同时也利用吸管进行摄食。爬行时，借助斧足肌的收缩而缓缓前进，同时也利用进出水管喷水时的压力驱动躯体前进。当环境恶化或遇到敌害时，整个身体便缩回壳内，紧闭双壳。

河蚌是雌雄异体，营体外受精，受精卵在河蚌的鳃瓣上发育成为钩介幼虫，钩介幼虫一定要以其他鱼作为寄主，最好是无鳞鱼如黄颡鱼、鳑鲏等就是最好的寄主，钩介幼虫需要在寄主身上吸取营养并发育一段时间，最后再从寄主身上脱落，在水体中进入成蚌的生长发育期。

2. 培育池的建造

河蚌培育池应建在水源排灌方便，水质无污染，特别是无农药和化肥污染的池塘里，池塘底质淤泥较少，腐殖质不宜过多，面积以 1～3 亩为好，水深以 0.8～1.2 米为佳，另外还要建造 1～2 个幼蚌培育池和亲蚌培育池。

3. 亲蚌的来源及繁殖

人工养殖用的河蚌最好是从江河中人工捕捞的成熟河蚌，应选择 3～6 龄、健康肥满无病、斧足肥壮饱满、贝壳厚、闭壳力强且光泽鲜艳呈青蓝色的河蚌作为亲蚌，一般雄雌按 2∶1 的比例投放。数量可多可少，一只河蚌每次可产钩介幼虫 40 万枚左右。

将亲蚌放于土池中专门培育，培育池面积最好在 2000 米^2 以上，水深为 1.5 米，池底淤泥厚度适中。养殖水层含氧量为 4.0～8.0 毫克/升，pH 值为 6.5～8.0，饵料生物量为 10～20 毫克/升。水质不宜过肥，以免雌性生殖细胞因缺氧发育不良或发生性逆转。若用小面积水域培育亲蚌，必须具有缓流条件。

亲蚌培育工作应从秋季开始，主要投喂一些鱼粉、屠宰下脚料等优质饵料，要定时注、排池水，适时繁殖饵料生物，促进亲蚌生殖腺的发育、成熟。河蚌交配繁殖后，精卵在水中浮游时相互融合并发育成为受精卵，河蚌的受精卵在水中发育成为钩介幼虫后，需要寄生在鱼体上发育。

4. 寄生鱼的准备

钩介蚴在母蚌外鳃瓣上发育成熟后，具有足丝和钩，能够寄生鱼体上，也必须寄生在鱼体上，才能完成变态过程，成为幼蚌。因此，在钩介蚴即将脱膜而出时，就要用适当的鱼作寄主，将钩介幼虫寄生在鱼体上。

寄生鱼效果最好的当属黄颡鱼和鳑鲏，但是从来源上和经济角度上考虑，在生产上鲢、鳙、草鱼、鲤均能采到钩介蚴，通常是用性情温顺的鳙鱼和草鱼作为寄生鱼，规格以每尾 4 厘米左右就可以了，要求寄生鱼的体质健康，才能耐受较多钩介蚴虫的寄生，每只亲蚌约需 200～300 尾鳙鱼做寄生鱼。

5. 幼体的培育

当大量的钩介幼虫从寄生鱼身体上脱落后，就要对它们进行专门的幼体培育了。幼体培育池最好用水泥池规格以 5 米×3 米×1 米为宜，水深控制在 0.6 米为佳，在池中投放一些水花生、浮萍等水生植物，以供幼蚌栖息时用，也可为它们诱集部分天然饵料。日常管理主要是加强水质、水位的控制，要求水质清新，绝对不能施放农药和化肥，投饵主要以煮熟后磨碎的鱼糜为佳，伴以部分黄豆。

6. 成蚌的养殖

（1）养殖池的建设　河蚌养殖池不宜太大，一般以 3～5 亩为宜，进排水方便，池底不能有太多的淤泥，水色不能太肥，否则易引起河蚌死亡，水深保持在 1 米左右。

（2）投放密度　一般第一年饲养河蚌时，每亩可放苗种 150 千克，幼蚌种苗的规格为 800～3000 个/千克。

（3）投饵与管理　在池塘中养殖时，应及时投饵，通常投喂豆粉、麦麸或米糠，也可施鸡粪和其他农家肥料，有条件的地方在放养初期可投喂部分煮熟并制成糜状的屠宰下脚料，以增强苗种的体质，日常管理主要是池塘中不能注入农药和化肥水，也不宜在池塘中洗衣服，这最容量导致河蚌大批量死亡。

（4）及时增氧　河蚌是一种高氧动物，虽然它可以忍耐短时间的水体溶氧不足，但它绝对挺不过长期的缺氧环境饲养。所以河蚌的饲养密度要适宜，不能太高，如果发现水体变黑或出现其他异常情况，要及时增加氧气，确保河蚌的安全。

（5）生长　在饲养条件良好的情况下，河蚌生长发育较快，饲养一个月可增重至原先的 4～5 倍。

>>>
第五节　饵料的科学投喂

"长嘴就要吃"，水蛭也不例外，但是如何吃才是最好的，才能吃出最佳成效，这就是饵料的投喂技巧。饵料的投喂，应根据水蛭及天然饵料的生长规律和摄食习性，合理选择饵料投喂方法，采用科学喂养的技术，使水蛭吃饱吃好、生长迅速，以提高饵料的利用率，降低饲养成本，从而增加经济效益，因此在水蛭的投喂过程中一定要牢记"四定四看"的原则。

一、饵料台的设置

水蛭虽然生活在水中的时间多，但是它与鱼在摄食上有着明显的区别，鱼吃食时可以将饵料特别是适口的颗粒饵料一口吞下，而水蛭却不能直接进行吞食，它是采取吸吮的方式来取食的，因此用喂鱼的方法来喂水蛭，那显然是行不通的。

在投喂时，为了防止饵料的散失，必须设置一个特制的饵料台。饵料台没有特别的讲究，可以因地制宜，采取家里来源方便、简单的材料制作，可以用木条制成木框式的，也可以用塑料盒制成饵料台，也可用芦苇、竹皮、柳条和荆条等编织成圆形饵料台。一般每个池塘可以多设置几个饵料台，每个饵料台的面积以 1 米^2 大小为宜，目前最常见的就是用 1 厘米×1 厘米的木条钉成 1 个木框，再用塑料窗纱钉上就做成了一个简易的饵料台。为了防止其他动物对水蛭摄食时的影响，可以在饵料台四周设置护栏网，栏网的大小以水蛭收缩身躯能进出自由为度，而其他动物如鱼、蛙等不能进入。

当饵料台做好后，用木桩将饵料台固定在水中，保持饵料台沉入水中约 5 厘米就可是了，在投喂饵料时，先将饵料用池塘的水搅拌均匀后，捏成一个个的团状，然后轻轻地把它们放在饵料台上就可以了。如果是特制的颗粒状饲料，可以直接把它们放在饵料台上方，让它们慢慢地沉到饵料台上，如果是粉状的饵料，千万不能将干粉饵料直接放在饵料台上，以防饵料漂走而沉落在水底。

二、四定投喂技巧

池塘饲养水蛭，在蛭苗在下塘后两天内不投饵料，等水蛭苗种适应池塘环境后再投饵料。水蛭饵料的投喂，要坚持四定的原则。

1. 定时

待水蛭集群到食台上摄食后，在天气正常的情况下，每天投喂饵料的时间应相对地固定，一般情况下，日投喂

2次，上午8～9时投喂一次，下午16～17时投喂一次较为合适，在水蛭生长的高峰季节，如果条件许可时，加上水蛭的养殖密度比较大，晚上20～21时左右可以适当考虑投喂第三次，以促进水蛭快速生长。冬季在日光温室中饲养的，最好在中午温度较高时投喂，长期坚持定时投饵料，可使水蛭养成定时摄食的好习惯。

2. 定质

从外界环境中取得的水蛭直接饵料要保证新鲜、安全卫生、适口、清洁，禁止饲喂霉变的饵料。间接饵料也要清洁干净，各种营养成分含量合理，不能投喂腐败变质的饲料，同时要注意饵料的多样性，以适应不同种群水蛭直接吸食天然饵料动物的要求。发霉、腐败变质的饲料不仅营养成分流失，失去投喂的意义，当水蛭摄食后，还会引发疾病及产生其他不良影响。

3. 定量

每天投喂的饲料量一定要做到均衡适量，相对固定，防止过多或过少，以免饥饿失常，影响消化和生长，日投饵料量一般可掌握在水蛭实际存栏重量的1%左右，而每亩养殖池的水蛭实际存栏重量一般为20～40千克。在投饵时还要根据水蛭的吸食情况、天气变化、水质情况、水温的高低灵活掌握。当池塘水温高于30℃或低于10℃时，要相应减少日投饲量或停止投饲；在生长的高峰季节，要结合每天检查食台的情况，科学地确定每天的投喂量。其中傍晚的投喂量应占到全天投饲量的50%～60%。在坚持定量投喂的基础上，适度掌握，如发现有剩余饵料，则应减少投放量，对降低饲料的消耗（浪费），提高饲料消化率，减少对水质污染、减轻水蛭疾病和促进水蛭正常生长都有良好的效果。

4. 定点

投放饵料的地点要固定，使水蛭养成定点摄食的习惯，这个固定的地点实际上就是饵料台的地点，饵料台的数量，一般以 50 米^2 的养殖池设 1～2 个饵料台为宜。也可根据养殖密度具体确定，饵料台最好设在池的中间或对角处，既便于水蛭的集中和分散，又便于清理残余饵料。

一旦在食台上投喂后，就一定要记住在以后的每次投饲时，要将饲料投喂到搭设好的食台上，不能随意投放，避免浪费，同时也能避免水蛭由于不能定时、定点找到食物而影响它的生长。

定位投喂的好处一是将饲料均匀投撒在食台上，便于水蛭集群摄食；二是投放的饲料不会到处漂散，避免造成浪费；三是投喂的饲料不可堆积，要均匀地撒开在食场范围内，能确保水蛭均匀摄食；四是便于检查和确定水蛭的摄食和生长情况；五是当池塘中的水蛭需要投喂药饵时，能使水蛭集群均匀摄食，提高药效。

三、三看投喂技巧

在水蛭的饲养过程中给水蛭投饵时，通过眼力观察池塘的表面现象就能判断实际的投饵量是否合适，这就需要经验和技巧。

一看吃食时间的长短：投喂后在 1 个半小时内吃完为正常，1 小时不到就吃完表明投喂量不足，还有一部分水蛭没有吃饱，应适当增加投喂量。如延长到 2 小时还未吃完，而水蛭群已离开食场，表明饱食有余，下次投喂可适量减少。

二看水蛭类生长大小：4～5 月份，水蛭开食后食量逐渐增加，在一周或一旬的投喂计划中，要观察周初与周末或旬初与旬末的变化。如果投喂量不变，而到周末或旬末时，在半小时内就吃完，表明水蛭的个体体重增加了，群体的吃食量大了，还有一些水蛭并没有吃饱，这时就要适当增加喂量。

三看水面动静：吃饱后的水蛭一般都沉到浅水处的水底，如果天气正常时，在投食后如果水蛭没有明显的生病征兆而在水面上频繁活动时，就是饥饿没有吃饱的表现，要立即投食。

四、投喂管理

在对水蛭进行投喂的过程中，一定要加强管理，重点是要做好以下几点：

首先是投喂它喜欢的食物，水蛭虽然是以脊椎动物的血液为主食，但也需要一些其他食物，如植物、腐殖质等，从这些物质中吸取养分。如果投喂了它们喜食的饵料时，对水蛭本身就有诱食作用，可以促进它们的食欲，表现为争抢食物，并且食量也大，活动量增大。如果投入的是它们不喜欢的食物，它们便会产生排斥作用，甚至不会取食。

其次是在水蛭的不同生长发育阶段，它们对食物的要求也是不一样的，对蛋白质含量要求也是不同的，因此要同时准备好不同生长阶段的适口饵料，不要采取一种饲料配方包养所有的水蛭的方法。

再次就是对食场要定期消毒，可用漂白粉或生石灰化浆后泼洒在饵料台周围，一个月左右可以将饵料台慢慢地向一侧迁移5～10厘米，并对原饵料台进行消毒，过一段时间再迁移回来。

最后就是要投喂时要加强观察水蛭吸食的变化，发现问题及时解决，重点可以观察四个方面，即所投的饵料有没有气味，有没有迅速招引水蛭前来捕食；饵料的营养成分是不是合理，饲料配方是不是科学，投喂的饵料对水蛭的生长发育有没有促进作用；保管的饲料有没有出现霉变现象；水蛭在吃食时有没有异常情况，在换水时或引水时有没有毒源进入，有没有对水蛭的生长产生影响等。

第七章 水蛭的养殖

>>>

第一节 养殖前的准备工作

搞养殖毕竟是一种投资行为，是和金钱打交道的，一旦投资不慎，就有可能亏本，甚至会血本无归，更何况水蛭养殖是一项新兴的特种产业，过去缺乏这方面的实践经验和技术。因此在投资养殖前一定要做好各方面的充分准备，不打无把握之仗，确保养殖顺利成功。

这些需要做好的准备工作主要包括以下几点，任何一点都不能马虎。

一、知识储备工作

1. 了解水蛭的基本习性，努力营造合适的养殖环境

计划从事水蛭养殖业的人员，在养殖前先要好好学习水蛭的基础知识，了解水蛭的生活习性，包括它的温度、湿度、溶解氧、酸碱度等，然后根据这些水蛭的习性，再结合本地的自然资源，努力营造合适的养殖环境，确保水蛭养殖成功。

2. 积极参加学习培训，掌握基本的养殖技术

计划从事水蛭养殖业的人员，在了解水蛭基本习性的基础上，最好还要参加学习培训，掌握养殖水蛭的一些基本技术，比如苗种的繁育、成蛭的养殖、幼蛭的强化管理、饵料的投喂技巧等，然后到养殖场实地参观学习，学习并借鉴别人成功的经验，经过自己深入的调查研究，然

后再动手养殖，尽量避免盲目性，尽量少走弯路，减少不必要的经济损失。

二、市场调研工作

1. 了解水蛭的收购市场

任何一种养殖项目，当它养殖出来后，就必须要出售出去，水蛭也是一样的，在养殖前你必须充分考虑到它的收购市场，你总不能养殖出商品后留在家里自己吃或者是做深加工吧，那对初次养殖的人来说，也是不现实的。因此在养殖前就要全面了解水蛭养殖的基本情况和市场需求动态，做到销售有渠道，从而获得较为理想的经济效益和社会效益。

在了解收购市场时，重点要了解这些内容：市场的容量有多大？市场的收购价格是多少？商品如何分级及分级的价格如何？如何进行水蛭的初加工？鲜水蛭和初加工的水蛭价格是多少？收购商有哪些？收购商的信誉度如何等。

2. 了解水蛭的养殖市场

"知己知彼，百战不殆"，在养殖前我们不但要了解水蛭的收购市场，还要了解它的养殖市场，一定要了解现在是供大于求还是求大于供，如果确实是供大于求，全国的养殖市场还有很大的缺口时，我们就可以大胆养殖，如果市场已经趋于饱和甚至养殖的产量已经大于需求时，这时还是要好好考虑一下投资的必要性和风险性了。

三、风险意识准备

任何一种养殖业都是一种投资，有投资就有风险，水蛭作为一种新兴的特种养殖品种，它也有一定的风险，尤其是在高密度养殖条件下，更是存在着相当大的风险，这种风险除了技术上的风险、市场上的风险等，还有自然灾害和气候条件等带来的风险，因此，养殖前要有足够的思想准备，有抗衡经济风险的能力，量力而行。

因此我们建议初养的养殖户可以采取步步为营的方式，水蛭养殖投资从小到大，稳中求实，用自培自育的苗种来养殖，慢慢扩大养殖面积，可以有效地减少损失。

四、种源保障工作

种源是养殖的基础，没有好的种源，水蛭的养殖也就无从谈起。因此在养殖前还要做好种源的保障工作。

1. 掌握种源的途径

目前水蛭的种源既可以野外采集也可以到养殖场购买。如果是在野外采集时，一定要注意品种的选择，因为水蛭有许多种，但真正具有养殖效益的也就是几种，因此在采集时，要仔细辨认，防止品种混杂导致互相影响以及没有经济价值的水蛭混入。目前市场上出售的种水蛭，质量差异较大，养殖户在购买时要慎重考虑、选择，一定要到信誉度好的养殖场购买，最好是就近购买，这样的种源质量相对是能得到保障的。

2. 不要落入炒种的陷阱

从事水蛭养殖前，要实地考察具有科技含量的养殖示范基地，对一些以养殖为名、炒炸种源为实的所谓大型养殖场（公司），要加以甄别，不要落入炒种者的圈套中，现在有些专家常常以一些所谓的新品种来忽悠养殖户，那是不可信的，因为具有养殖效益的水蛭种源也就那么几种，一些漂亮的名称只不过是换个花衣裳罢了，其实都是一样的。

3. 不要轻信小广告

在购买苗种时，不要轻易相信一些小广告，有的小广告竟然宣称水蛭一年能长几十克，一年可以繁育好几次，每次能孵化近百条幼蛭，当年投资当年就能收回成本，这基本上就是骗人的，与水蛭的正常生长发育的生理特征都不相符，怎么可能一年能繁育那么多呢。遇到这种小广告时，一定要眼见为实，不要轻易上当。

五、饵料储备工作

"兵马未动，粮草先行"，和所有的动物一样，养殖水蛭，就需要投喂，那么饵料的成本就是很大的一笔开支，对于养殖水蛭数量少的一般养殖户，可以充分利用周边现有的自然资源，基本上花很少的钱或不用花钱就能解决大部分饵料，但是对于大型的水蛭养殖场，一定要考虑养殖水蛭食用的活食，或准备动物血液或准备配制好的颗粒饵等，这些饵料的储备是必需的，一定要在养殖之前就要考虑好。

六、资金筹备工作

养殖水蛭，说起来容易做起来难，有人说得很简单，就是弄几亩地、做一些防逃设施就可以了，种蛭可以不买或少量买些，这个东西咱们农村多的是，花不了几个小钱，这种观点是错误的。真正的水蛭养殖，资金的投入还是比较大的，少的也要几千元，多的几万元甚至达到几十万元，因此在养殖水蛭之前，如何筹集这些资金也是一个重要的准备工作。

1. 投资预算

为了确保资金的合理运用，在水蛭养殖投资前，有必要对投资和经营做个预先的概算，对于一个刚刚从事水蛭养殖的人来说，他的投资应该包括以下几个方面：养殖场所的租赁费用、基本养殖设施的购置费用、苗种购买的费用、员工工资费用、饲料储备的费用和其他一些正常经营管理费用如水电、运输、药品等的购买费用及一些不可见费用等。对于这些费用的大概情况必须先做个预算，做到心中有数，千万不能有钱了就一股脑儿花出去，没钱了连饲料也不用买了，如果这样子搞养殖的话，那么只有一个结局——亏本！

在进行水蛭养殖的投资前，一定要将养殖规模控制在自己可以掌握的范围内，切实保证在自己经济预算范围内，也就是说有多大力就使多大的劲，只有紧紧抓紧自己的钱袋子，看清楚自己的实力，千万不可一味地贪大求洋，资金不足时到处借款，最后就可能导致自己的资金来源不畅，甚至资金链断裂，从而千万投资失败。

2. 资金筹集

开办水蛭养殖场是需要金钱的，对于一些刚刚创业的农民兄弟来说，这些钱还是比较多的，往往会超出他们自己所能承担的数额，因此，有效地进行资金筹集就显得很重要了。

根据我们的调查了解，目前开办水蛭养殖场的资金筹集方式有以下几种，第一种是拿出自己多年的积蓄，这可能要占到50%以上比较合理，经营的风险才相对较小，千万不能手中一分钱没有就要养水蛭，从租地到苗种再到水蛭吃的饲料全部是靠别人的钱来维持，那样的话是非常危险的；第二种就是借款，向自己的亲朋好友借，一般来说，感情不是特别浓厚的亲戚朋友很难借到太多的款项；第三种通过入股分红的方式进行资金筹集，可将水蛭养殖场的经营成本分成若干股，由朋友、亲戚或社会上的人来认购股份，这对吸引民间游资还是有帮助的，但是你必须说服他们，让他们有理由相信你这个养殖水蛭项目是有利可图的；第四种就是向信用社或银行进行贷款，可以利用政府对农民创业的支持政策，通过银行实现低息贷款、小额贷款甚至是无息贷款。银行贷款的形式有个人保证贷款、个人抵押贷款、个人质押贷款和个人创业贷款等，要根据自己的实际情况申请最合适的贷款方式。

>>>

第二节　养殖场地的选择与处理

　　水蛭养殖场的规划与建设关系到投资和经营成果，是件基础性工作，可以这样说，选好合适的饲养场地，是建好养殖场、养好水蛭的重要工作，选择了一个好的养殖场地就是养殖成功的一半。而养殖场的位置选择也是非常有学问的，可能会直接影响到水蛭的生长与发育，因此在选择地址时要考虑到会涉及面积、地势、水源、排灌、水质、饵料、交通、土质、电源、排污与环保等诸多方面，需周密计划，事先勘察，细心测评，才能选好场址。

一、场址选择的原则

　　和水产养殖一样，水蛭养殖场址选择的总体原则是要求选择在水源充足、注排水方便、水质清新无污染、交通方便的地方建造养殖池，这样既有利于注、排水方便，也方便苗种、饲料和商品水蛭的运输。

二、地形

水蛭的养殖场所可以选择自然的池塘、沟渠、荒地、老厂房、房前屋后空余场地，地形的选择应以避风向阳为好，因为这样的地形是有利于水产养殖的，在春秋季节可增加光照时间，提高水体的温度，从而延长水蛭的生长期，也就是说水蛭可以有更多的时间摄食、生长。另一方面，这样的地理位置在冬季是可以防风抗寒的，能保证水蛭安全越冬。在夏季高温季节，由于避风的天然条件，既可以有效地预防酷暑，又可以增加动植物的活体数量，为水蛭提供充足的饵料。

三、环境

在选择水蛭的养殖场时，一定要注意环境的优良和相对安静，最好没有震动、清静的地方更佳。这是从水蛭的生活习性和要求来考虑的，水蛭具有水生性、野生性、变温性和特殊的食性。当它们在摄食和产卵时，一定要保持安静，因为噪声，尤其是震动，对水蛭的生长不利，当它们在吃食时如果受到惊吓，会立即停止摄食甚至几天都没有食欲；而当它们在交配时如果受到惊吓，它们会立即中止交配行为，导致水蛭的繁殖行为失败；当它们在产出卵茧时，如果受到惊吓，它们会立即中止产卵，同时不再理会刚产下的卵茧，导致卵茧不再孵化。

所以在选择场址时，要求选择温暖、安静、动植物繁多的场所，避开车辆来往频繁的交通沿线和有噪声、震动的飞机场、工厂、矿区等地区，保证水蛭既有舒适的生活环境，又能健康地生长发育。

四、养殖池的建造方式

　　养殖池在建造时可依据当地的地形地势，因势利导，因地制宜，采取多种多样的方法，就精养水蛭来说，可以将养殖池建设成为三种方式，即池塘式、水沟式和中岛式。具体的建造方式如图 7-1 所示。

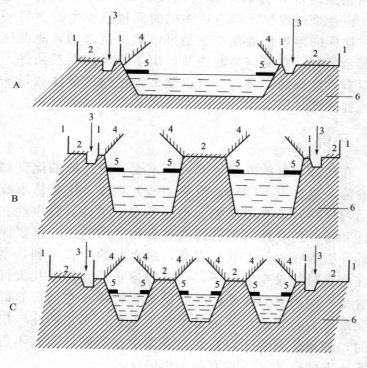

图 7-1　水蛭养殖池

A—池塘式；B—中岛式；C—水沟式

1—围栏；2—陆地；3—防逃沟；

4—遮阳棚；5—饵料台；6—埂

五、面积

水蛭养殖池形整齐，最好向阳、长方形东西走向。这种养殖池水温易升高，浮游植物的光合作用较强，浮游植物繁殖旺盛，因此，对水蛭的间接饵料和水蛭本身的生长有利。

水蛭养殖池的面积没有具体规定，小的几个平方米也可以，大的可以达到数亩，一般为1亩为宜，最大不超过3亩，这样大小面积的饲养池既可以给水蛭提供相当大的活动空间，也可以稳定水质，不容易发生突变，更重要的是表层和底层水能借风力作用不断地进行对流、混合，改善下层水的溶氧条件。如果面积过小，水环境将不太稳定，水温、水质变化难以控制。但是如果面积过大，投喂饵料不易全面照顾到，导致吃食不匀，影响商品水蛭的整体规格和效益，同时水质肥度较难调节控制，另外，面积较大时时，占用堤埂相对比较小，对于喜欢在池塘周边浅水区活动的水蛭来说，生产效率也会降低。

六、水源

规划水蛭养殖场前先勘探，水源是选场址的先决条件。最重要的是水源要充足，在建立养殖场时要考虑该水域在1年内甚至若干年内的水位变化情况，保证做到旱时有水能灌，涝时能排不淹，尤其要防止洪水的冲击，以免造成不应有的损失。每个养殖池的水位应能控制自如，排灌方便。

七、水质

池塘的水质条件良好是高产高效的保证，饲养水蛭的池塘要求水质良好，符合养殖用水标准。决定水质质量的理化指标主要有温度、盐度、含氧量、pH 值、水色和肥度等。水源以无污染的江河、湖泊、水库水最好，也可以用自备机井提供水源，要考虑水源流至场地是否被污染，对水蛭是否有毒副作用。严重污染的水域，例如出现水颜色反常、浑浊度增大、悬浮物增多、有毒物质增加、发生恶臭等现象，则绝对不能使用。因此在选择养殖场地时，一定要先观察养殖场周边的环境，不要建在化工厂附近，也不要建在有工业污水注入区的附近。

八、进排水系统

饲养水蛭的池塘要求进排水方便，对于大面积连片水蛭池的进、排水总渠应分开，按照高灌低排的格局，建好进、排水渠，做到灌得进，排得出，定期对进、排水总渠进行整修消毒。每个池塘的进、排水口应用双层密网防逃，为了防止夏天雨季冲毁堤埂，可以开设一个溢水口，溢水口也用双层密网过滤，防止水蛭乘机顶水逃走。

九、土质

不同种类的土壤，其 pH 值、含盐种类及数量、含氧量、透水性和含腐殖质程度往往有所差别，将对水生生物的生长带来影响。一般分为砾土、砂土、黏土、壤土和腐殖土 5 个类型。水质较肥，即含有丰富的营养物质的，池底土质可用砾土、砂土；水质不肥，即营养物质不丰富，如使用地下水或自来水等，池底土质则应用腐殖土；如果池底漏水，最底层还应用黏土夯实。因为有裂缝漏水的水蛭养殖池，易形成水流，幼蛭可以顶水流集群，消耗体力，影响摄食和生长。

养殖水体的土质要求一是具有较好的保水、保肥、保温能力，还要有利于浮游生物的培育和增殖，根据生产的经验，以壤土最好，黏土次之，沙土最劣。根据水蛭的生活习性，我们建议，池底土质应比较坚硬，以砂石或硬质土底为好，无渗漏，上面有较肥的有机质。池底淤泥的厚度应在 10 厘米以下。池坡土质较硬，池埂顶宽 2.5 米以上，池壁坡度 1∶3。

十、防逃

水蛭的逃逸能力还是很强的，由于在水蛭在陆地上的运动能力很特殊，它可以通过爬行来运动，也可以通过尺蠖运动来逃跑，而且它的前后两个吸盘可以牢牢地吸附在其他物体上，有助于水蛭的逃逸，因此防逃设施必不可少。

在生产实践中，人们发明了许多种防止水蛭逃跑的设施，效果也各不相同，这里介绍一种相对来说效果比较好的一种。就是采用水蛭专用防逃网片和硬质塑料薄膜共同防逃，用高 60～80 厘米高的水蛭专用防逃网片围在池埂四周，埋入田埂泥土中约 15 厘米，每隔 100 厘米用一木桩固定，在网上内面距顶端 10 厘米处再缝上一条宽 25 厘米的硬质塑料薄膜封闭即可。

十一、其他要求

一是要求交通方便，既要避开交通主干道，又要交通方便，可给产品和饲料的运输带来便利，同时可节省时间，减少交通运输上的费用开支。

二是距电源近，节省输变电开支。电力除日常照明外，如加工饲料、产品等都需用电，应能保证供应稳定，少停电。

三是水蛭养殖场的位置最好是靠近饲料的来源地区，尤其是活饵料来源地一定要优先考虑。

>>>

第三节　养殖方式与选择

一、养殖方式

水蛭的适应能力很强，因此不论房前屋后的小池塘、泥坑、庭院，还是在野外的江河、湖泊都可以被充分利用起来进行养殖。

不同的水体利用，就会有不同的养殖方式，因此在生产实践中，水蛭被开发出了许多种养殖方式，但总的来说，可以将这些养殖方式归纳为两大类，一类是野外粗放养殖方式，另一类就是集约化精养。这两种养殖方式投入不同，收益也不相同，野外粗放养殖时投入少，但是产量低，天敌也多，收益当然也低，而集约化养殖也就是我们常说的精养，属于"高投入、高风险、高收益"的养殖方式，这种养殖方式投入是比较高的，要求的养殖技术也很高，当然由于它基本上是处在人为可控的范围内，因此水蛭的天敌也少，养殖产量很高，当然经济效益也就非常高。

二、选择养殖方式的原则

至于选择哪一种养殖方式，一定要慎重考虑，重点要考虑以下几点原则：一是应根据当地的实际情况，因地制宜，不可过度拘泥于一点，环境条件差的，就采用野外粗放养殖；环境条件较好的，可采用集约化精养方式。二是根据养殖时间和养殖水平来定，对于养殖新手，刚刚从事水蛭这方面的特种养殖的人来说，还是建议先搞些野外粗放养殖，积累经验再发展精养，也可以将野外粗放养殖和集约化养殖集合起来搞，这样既能降低风险，又能提高经济效益；而对于那些经验很丰富，养殖技术很过关的老养殖户来说，可以考虑建立高标准的养殖池，为水蛭的生长繁殖提供较理想的生态环境，通过工厂化养殖，获得较高的单位面积产量。三是根据资金状况来决定养殖方式，如果资金不充裕，可以考虑采用粗放式养殖；如果资金实力很雄厚，就可以通过集约化养殖再将自己的事业进一步发展。

三、野外粗放养殖

有许多人一听说野外粗放养殖，第一个反应就是"人放天收"甚至是"不放只收"的概念，认为在野外粗放养殖就可以不管不问了，到时候就只收获现成的商品水蛭就可了，这种观念是错误的。真正意义上的野外粗放养殖，就是充分利用野外的自然条件和现成的饵料资源，通过圈定养殖范围后进行保护的一种养殖方式。因此野外粗放养殖要抓好三个要点才能成功，第一点是要充分利用野外的自然资源和条件，没有适合水蛭养殖的资源也就无法开展野外养殖；第二点就要通过投放足够的种源，适当投放饵料，才能保障养殖的成功，俗话说"巧妇难为无米之炊"，如果不投入种源，也不可能捕捞到商品水蛭；第三点就是一定要在选定的范围内进行适当的保护，以促进水蛭在自然条件下的自然增殖，绝不能进行掠夺式的捕捞，要确保持续性的开发和生产。

野外粗放养殖，一般来说它具有养殖面积较大、自然光照充足、天然饵料丰富，投资相对较小，收益相对较大的优点。但是单位面积产量较低、不易管理的劣势也暴露无遗，另外还要时常注意预防自然敌害、防逃以及水位涨落的变化等。

野外粗放养殖的模式一般有水库养殖、沼泽地养殖、湖泊养殖、河道养殖、洼地养殖及稻田养殖等。

四、集约化精养

集约化精养是一种全程都在人为控制下的一种养殖方式，采用人工建池、人工投喂饵料、人为提供水蛭生长环境的科学饲养管理方式。这种养殖方式单位面积的放养密度较大，需要的种源也多，加上建池的标准也高，因此资金投入相对较高，要求的饲养技术更加精细，日常管理工作更加到位。当然了，投入与回报总是有关联的，这种养殖方式的单位面积产出商品水蛭多，商品规格大小一致，比较整齐，捕捞时比较方便，更重要的就是经济效益是最好的。

集约化精养的模式一般有池塘养殖、水泥池养殖、室内养殖、庭院养殖以及工厂化恒温养殖等方式。

>>>

第四节　池塘精养水蛭

水蛭作为一种名、特、优养殖品种，具有生长快、产量高、易推广、投资小、见效快等特点，且一次引种，多年受益，适合城乡各种规模和方式进行养殖。在目前天然水蛭极度短缺和市场需求猛增的情况下，发展人工养殖势在必行，效益明显，是广大城乡人民的一条快速致富之路，极具养殖前景和发展空间。利用池塘进行水蛭的精养是一种集约化养殖的方式，也是目前养殖户采取的主要养殖方式之一，也是目前比较成功且效益较稳定的一种养殖模式，它具有人为调控性强、投入高、养殖技术要求高、收入也高的"一强三高"的特点。

一、高产池塘应具备的条件

水蛭的养殖与一般的水生动物养殖也有不一样的地方，在池塘养殖时，如果想取得高产高效，对池塘的要求就要严格得多。

一是要求池塘的透光性强，水层波动小。也就是说要求池塘不能太深，因为水浅，白天的阳光可透射到池底，这样有利于浮游生物、沉水植物和底栖植物的健康生长发育，为水蛭的直接饵料和间接饵料的繁育提供条件。同时因为水浅，水的上下层基本均匀，仅在刮风、温差变化条件下出现小的波动，为水蛭提供了良好的生存环境，尤其是在水蛭繁殖交配的时候，更要注意水层的波动要小。

二是池塘的水色要能呈现出不断的变化情况，透明度要适宜。池水反映的颜色是由水中的溶解物质、悬浮颗粒、天空和池底色彩反射等因素综合而成，常因土质、水深、施肥种类及水中浮游生物生长繁殖情况而各有不同，由于各种浮游植物细胞内含有不同的色素，当浮游植物繁殖的种类和数量不同时，便使池水呈现不同颜色与浓度，而水体中水蛭和鱼蛙类易消化的浮游植物的种群和数量的多少直接反映水体的肥瘦程度。当池塘中浮游植物多时水体呈绿色；浮游动物多时水体呈黄色；富含腐殖质多时水体呈褐色或为酱油色；大量生长蓝藻时水体呈青绿色；鱼腥藻繁殖多时水体呈黄绿色；纤毛虫繁殖旺盛时水体又呈褐色；水蚤大量出现时水体则呈红色。

水蛭在透明度为20～30厘米、水色呈黄绿色的水体中，生长较好。若透明度大于35厘米、水色较淡，说明水较瘦，应施肥水培肥水质。肥水方法可用2‰生石灰拌入鸡粪或牛粪中发酵后，按0.3千克/米² 洒入池水中，养水6～8天后，等水中的浮游生物大量出现时才能投入水蛭种苗。

如果发现水体有特殊的腐烂味、臭味，则表示水体被污染，说明池底的有机物如吃剩的饵料、沉底的动植物残体、粪便等，腐败生成氨气、硫化氢等有毒气体，这时则应及时换水或倒池清理，防止水蛭大批死亡。

因此一个好的水蛭养殖池，要保持水质的"肥、鲜、活、嫩"，具体就体现在水色的不断变化上，这是池塘高产高效养殖水蛭的一个要点。

二、池塘的选址

养殖水蛭的池塘应选择在避风向阳、水源充足、排灌方便和比较安静的地方，周围无农药、污水污染，能做到旱不缺水，涝能排水，同时要求交通方便，这样既有利于注、排水方便，也方便水蛭苗种、饲料和商品水蛭的运输。

三、池塘的要求

1. 面积

用于人工养殖水蛭的水体可大可小，一般0.5～5.0亩为好。这样大小面积的水蛭饲养池既可以给水蛭提供相

120

当大的活动空间，也可以稳定水质，不容易发生突变，更重要的是表层和底层水能借风力作用不断地进行对流、混合，改善下层水的溶氧条件。如果面积过小，水环境将不太稳定，并且占用堤埂多，相对缩小了水面。但是如果面积过大，投喂饵料不易全面照顾到，导致吃食不匀，影响水蛭上市时的整体规格和效益。

2. 深度

水蛭养殖池中间深度 1.5 米，水深 1 米左右，池底淤泥 10 厘米，池边坡度要缓，使池塘四周形成一定的浅水区。

3. 水质

水源以无污染的江河、湖泊、水库水为好，也可以用自备机井提供水源，水质要满足渔业用水标准，无毒副作用。

4. 土质

土质要求一是具有较好的保水、保肥、保温能力，还要有利于浮游生物的培育和增殖，根据生产的经验，饲养水蛭的池塘的土质以壤土最好，黏土次之，沙土最劣。

5. 池塘形状

池形整齐，一般是以长方形为好，东西长，南北宽，宽一般 3 米，长度可根据地形而定，堤埂较高较宽，大水不淹，天旱不漏，旱涝保收。

6. 进排水系统

饲养水蛭的池塘要求进排水方便，对于大面积连片水蛭养殖池的进、排水总渠应分开，按照高灌低排的格局，建好进、排水渠，在池塘的对角设进水口和排水口，做到灌得进，排得出，定期对进、排水总渠进行整修消毒。

注水口一般要高于水面约 10 厘米，这样子可使注水口和水面之间有一定的落差，注水时可采用水管伸入到池塘中间的方式进行跌水式注水。排水口一般有两个，一个是为超出正常蓄水水面而建立的排水口，我们通常称之为溢洪口，例如因急下暴雨等原因使水面上涨过快时，可通过这个溢洪口将多余的水及时排出养殖池外；另一个是排干池水用的排水口，这个排水口是用来清池时用的，可使水全部排出养殖池外，这个排水口要求位置很低，一般设在养殖池的底部，不管哪一种进水口和排水口，都要严格加设防逃网。在排水时，要时刻检查网是否有破损，防止水蛭外逃。

7. 数量

对于规模化养殖户来说，可以同时设置 1 年生幼蛭池，2 年生幼蛭池，3 年生种蛭池，4 年生种蛭池。当水蛭生长到一定阶段时，就要及时地进行分级饲养，不要大大小小甚至几代水蛭都放在一个池子里养殖。

四、池塘水体的理化性质

1. 酸碱度（pH 值）

酸碱度是指池塘中水的 pH 值，变化幅度一般在 6.5～9.5 之间，在水蛭的养殖中，我们要努力营造中性的水体或弱碱性的水体，这样更有利于水蛭的生长发育。例如医蛭、金线蛭一般在 pH 值为 6.4～9 水体值中生存，适宜的 pH 值在 6.7～7.5 之间，如 pH 值下降可用浓度为 2×10^{-6} 的生石灰调节。

2. 气体溶解量

池塘里的水体包括氧气、二氧化碳、氮气、氨气、硫化氢和甲烷（沼气）等。只要水体中没有过多的腐殖质，而且投喂有规律，加上定期消毒，池塘中的氮气、氨气、硫化氢和甲烷（沼气）量很少就对水蛭的生长发育影响不大。在养殖过程中我们最关注的还是池塘中的溶解氧和二氧化碳的含量。池塘中这两种气体的含量与水温的昼夜变化密切相关，而且这两种气体的含量是呈现出此消彼长的特点。其中池塘中的溶解氧最多的时间是下午，当然这时的二氧化碳含量也最低，这是因为水中绿色植物在此时光合作用旺盛，消耗了二氧化碳，产生了大量的氧气，此时是最适宜水蛭的生长的。而黎明时水中含氧量最低，这是因为夜晚植物的光合作用基本停止，而动物没有停止氧气的消耗和二氧化碳的呼出，当然此时二氧化碳也是最高的，如果管理不到位，在这个时间段的水蛭很可能发生意外死亡。

大多数水蛭能长时间忍受缺氧的环境，但对养殖生产极为不利，若严重缺氧水蛭不吃不长还要消耗体内营养物质，体重减轻。研究和生产实际表明，当水中的含氧量大于 0.7 毫克/升，水蛭就活动正常；当水中的溶解氧小于 0.7 毫克/升时，水蛭就会纷纷爬出水面，到岸边土壤或草丛中，呼吸空气中的氧气，一旦发现有大批水蛭在黎明时候纷纷爬到岸边或吸附在水草上的情况时，就要及时采取措施，增加水体中的溶解氧。平时也可通过在池塘中间和四周浅水区种植一定的水草、浮游植物，通过光合作用，也可以增加水体中的溶氧。

3. 无机盐溶解量

无机盐包括硝酸盐、磷酸盐、碳酸盐和硅酸盐等，这些盐类在池塘中的溶解量对浮游生物以及其他动植物的数量及品种起着重要的影响，当然也就对水蛭的生长繁殖有着直接的影响，我们要努力减少这些无机盐对水蛭生长所造成的负面影响。

五、池塘的处理

为了适应水蛭的特殊需要，在养殖水蛭前必须对池塘进行处理：一是在池底放一些石块、砖块、报废轮胎或树枝，每亩放置 200~300 块，供水蛭附着、栖息；二是池四周用富含腐殖质的疏松砂壤土建 1~2 米² 的平台，每亩可设置 5~8 个，平台高于水面 10~20 厘米，便于水蛭打洞产茧；三是每隔 2 米用瓦片正反相叠，从池底直至平台，一组两摞，供水蛭栖息及躲避高温、强光；四是在池的四周可栽树或池顶上搭葡萄架，池边栽葡萄树以遮阳、防晒。

六、防逃设施

由于水蛭有较强的逃逸性能，特别是在天气闷热或水体环境不良时，更易发生逃跑事件，因此对池塘设置一些必要的防逃设施也是必要的。

一是在池塘采用专用的斜竖防逃网，可选用白色尼龙纱网、麻布网片或有机纱窗和硬质塑料薄膜共同防逃，用高 50 厘米的有机纱窗围在池埂四周，用质量好的直径为 4~5 毫米的聚乙烯绳作为上纲，缝在网布的上缘，缝制时纲绳必须拉紧，针线从纲绳中穿过。然后选取长度为 1.5~1.8 米木桩或毛竹，削掉毛刺，打入泥土中的一端削成锥形，或锯成斜口，沿池埂将桩打入土中 50~60 厘米，桩间距 3 米左右，并使桩与桩之间呈直线排列，将网的上纲固定在木桩上，使网高保持不低于 40 厘米，然后在网上部距顶端 10 厘米处再缝上一条宽 25 厘米的硬质塑料薄膜即可。

二是为了防止因下雨水漫池而导致水蛭逃跑，可以开设一个溢水口，溢水口也用双层密网过滤，防止水蛭乘机顶水逃走，同时在池塘的四周设防逃沟，防逃沟宽12厘米，高8厘米，一半镶入土中，下雨时在沟内撒入生石灰，即可防止水蛭因水流而逃走。

三是在池塘对角建有加细网罩的进出水口，防止水蛭从进出水口处逃跑。

七、池塘清整、消毒

水蛭在放入饲养池之前，要对水蛭池进行消毒处理，不要直接投放水蛭苗种。新开挖的池塘要平整塘底，清整塘埂，使池底和池壁有良好的保水性能，尽可能减少池水的渗漏，旧塘要及时清除淤泥、晒塘和消毒，可有效杀灭池中的敌害生物如蛇、鼠等。

1. 生石灰干法清塘

在水蛭苗种放养前20～30天，排干池水，池塘在曝晒4～5天后进行消毒，在池底选几个点，挖个小坑，放入生石灰，用量为每平方米100克左右，注水溶化，待石灰化成石灰浆水后，用水瓢将石灰浆乘热全池均匀泼洒，过一段时间再将石灰浆和泥浆混合均匀，最好用耙再耙一下效果更好，然后再经5～7天晒塘后，经试水确认无毒，灌入新水，即可投放水蛭种苗。

2. 生石灰带水清塘

每亩水面水深0.6米时，用生石灰50千克溶于水中后，全池均匀泼洒，用带水法清塘虽然工作量大一点，但它的效果很好，可以把石灰水直接灌进池埂边的鼠洞、蛇洞里，能彻底地杀死病害。

生石灰是常用的清塘消毒剂，用生石灰清塘消毒，既可迅速杀死塘中的寄生虫、病菌和敌害如老鼠、水蛇、水生昆虫和虫卵、螺类、青苔、寄生虫和病原菌及其孢子等有害生物，减少疾病的发生。另外，生石灰与水反应，还可以使池水保持一定的新鲜度，又能改良土质，澄清池水，增加池底通气条件，并将池底中的氮、磷、钾等营养物质释放出来，增加水的肥度，可让池水变肥，间接起到了施肥的作用。

3. 漂白粉带水清塘

在使用前先对漂白粉的有效含量进行测定，在有效范围内（含有效氯 30%）方可使用，如果部分漂白粉失效了，这时可通过换算来计算出合适的用量。

在用漂白粉带水清塘时，要求水深 0.5～1 米，漂白粉的用量为每 667 米^2 池面用 10～20 千克，先用木桶加水将漂白粉完全溶化后，全池均匀泼洒，也可将漂白粉顺风撒入水中即可，然后划动池水，使药物分布均匀，漂白精用量减半。漂白粉遇水后释放出次氯酸，次氯酸具有较强的杀菌和灭敌害生物的作用，其效果与生石灰差不多，但药性消失比生石灰快，一般用漂白粉清池消毒后 3～5 天，即可投放种水蛭进行饲养。

4. 漂白粉干塘消毒

在漂白粉干塘消毒时，用量为每 667 米^2 池面用 5～10 千克，使用时先用木桶加水将漂白粉完全溶化后，全池均匀泼洒即可。

5. 生石灰、漂白粉交替清塘

有时为了提高效果，降低成本，就采用生石灰、漂白粉交替清塘的方法，比单独使用漂白粉或生石灰清塘效果好。方法是水深在 10 厘米左右，每亩用生石灰 75 千克，漂白粉 10 千克，化水后趁热全池泼洒。

6. 茶饼清塘

126

每亩用茶饼 20～25 千克。先将茶饼打碎成粉末，加水调匀后，遍洒。6～7 天后药力消失，即可放养水蛭苗种。

7. 生石灰和茶碱混合清塘

此法适合池塘进水后用，把生石灰和茶碱放进水中溶解后，全池泼洒，生石灰每亩用量 50 千克，茶碱 10～15 千克。

八、种植水草

在水蛭养殖池塘中要种植一些水草或浮萍等青绿饲料，水草能净化水质，减低水体的肥度，对提高水体透明度，促使水环境清新有重要作用，也能促进田螺、河蚌等直接饵料的生长。另外在浅水区种植水草还可以供水蛭在夜间交配、休憩，在夏季高温季节可为它们遮阳避暑。

水蛭喜欢的水草种类有苦草、眼子菜、轮叶黑藻、金鱼藻、凤眼莲、水浮莲和水花生等以及陆生的草类，水草的种植可根据不同情况而有一定差异，一是沿池四周浅水处 10%～20% 面积种植水草；二是移植水花生或凤眼莲到水中央；三是用草框把水花生、空心菜、水浮莲等固定在水中央。但所有的水草总面积要控制好，一般在池塘种植水草的面积以不超过池塘总面积的 1/8 为宜，而且要分开种植，否则会因水草种植面积过多，长得过度茂盛，在夜间使池水缺氧而影响水蛭的正常生长。

九、进水和施肥

水源要求水质清新，溶氧充足，放苗前 7～15 天，加注新水 20 厘米。向池中注入新水时，要用 40～80 目纱布过滤，防止野杂鱼及鱼卵随水流进入饲养池中。

在水蛭下塘前一定先把池水培肥，实验表明如果池水清瘦，水蛭会感到不安、不适应而外逃。当池中进水 20 厘米后，适当施用腐熟发酵好的有机粪肥、草肥，如施发酵过的鸡、猪粪及青草绿肥等有机肥，施用量为每亩 200 千克左右，另加尿素 0.5 千克，培育轮虫和枝角类、桡足类等浮游生物饵料，为水蛭入池后提供直接的天然饵料或间接饵料。对于一些养殖老塘，由于塘底较肥，每亩可施过磷酸钙 2～2.5 千克，兑水全池泼洒。

十、投放螺蛳、河蚌

螺蛳、河蚌是自然界中水蛭最主要的寄主之一，在它们坚硬的外壳保护下，吸附在螺蚌的身体上，水蛭不但能得到很好的保护，而且能直接吸食到优质的动物性饵料，因此在放养前必须放好螺蛳、河蚌，每亩放养在 70～100 千克的田螺，50～75 千克的河蚌。投放螺蛳、河蚌一方面可以净化底质，另一方面可以补充动物性饵料，还有一点就是螺蛳和河蚌的壳可以为水体提供一定量的钙质，有促进水蛭生长的作用，所以池塘中投放螺蛳和河蚌的这几点用处至关重要，千万不能忽视。

投放螺蛳、河蚌时要注意以下几点：一是投放时间以每年的清明节前为好，时间太早的话，没有这么多的螺蛳供应，时间太迟了，运输成活率低；二是在池塘投放时，最好用小船或木海将螺蛳、河蚌均匀撒在池塘各个角落，一定要注意不能图省事，将一袋螺蛳、河蚌全部堆放在池塘的一个角落或一个点，这样子的话，大量沉在底部的螺蛳、河蚌会因缺氧而死亡，反而对池塘的水质造成污染；三是螺蛳、河蚌入池后的十天内不要施化肥来培肥水质。

128

十一、水蛭的放养

1. 苗种的采集

有时在水蛭野生资源非常丰富的地区，我们可以直接到野外有水蛭的沟河中进行诱捕，这样也可以节省一笔非常可观的苗种成本。具体的采集方式前文已经有了详细表述，这里再介绍两种常见养殖品种的简单采集方式，效果很好。

日本医蛭的诱捕：将去籽后的丝瓜络浸泡在鲜猪血或牛血中约十分钟，取出放在阴凉地方晾干后放入沟河边浅水中，为了方便取出，可用细绳子或线将丝瓜络扣好，经过一夜后天明就可以捞出丝瓜络，抖出躲藏在里面的水蛭即可，这种方法效果明显，诱捕率是比较高的，而且劳动强度小，一般每个丝瓜络每天可诱捕 0.5 千克左右的水蛭。

宽体金线蛭的诱捕：选择一个个体较大的河蚌，不要剖开，直接用热水烫死，这时河蚌会展开两个贝壳，露出里面的蚌肉，这种蚌肉是水蛭最喜爱的可口食物之一，这时再用长绳系住贝壳，把它放入附近有宽体金线蛭的水边，待大量宽体金线蛭爬到蚌壳里吸食蚌肉时拉出水面，然后再取出里面吸附的水蛭就可以了。用这种方法诱捕，一般每天每只河蚌可捕 0.3 千克水蛭。

2. 水蛭苗种的购买

应到正规科研单位或信誉较高的养蛭场购买，选择大小整齐、活跃有力、伸曲有度的幼蛭作苗种。

3. 放养模式

对于水蛭的池塘养殖来说，只要保种工作做得好，可以做到一年投种，多年收益，在实际放养中，我们可根据自己的养殖条件、技术和资金来决定苗种的放养模式。一般可采取放养种蛭来自繁自育和放养幼蛭直接培育商品蛭两种模式。

一是购买种蛭或捕获天然种蛭实现自繁自育的目的，自繁自育是便捷省力途径和发展方向。在水蛭活跃频繁出现的 7～10 月份，可在清晨或傍晚，从天然水域中直接用手捕捉或用小捞子捞捕，也可放置瓦或竹桶等诱捕，量大时可用渔网捕捞，捕取成蛭作为种蛭，放入一定水体中保种越冬，次年水蛭即可自行繁殖。体长 6 厘米以上的成蛭条件适宜，可年繁三次左右。繁殖时可一次投入相当数量的螺蛳，一般每亩 50～80 千克，并调配控制好水质。孵幼期每 5～7 天投喂一次，开始时饵料用熟蛋黄揉碎泼洒，中后期用动物血拌麸皮、花生壳粉或鸡猪饲料投喂，其技术简单易行。

第二种就是放养当年繁育的幼蛭直接培养成商品水蛭出售，具体内容在后文即将阐述。

4. 苗种的质量

水蛭苗种质量的优劣，不仅直接影响它将来的产卵率、孵化率甚至于成活率，而且对水蛭的生长、发育、商品产量也有很大影响，长期养殖劣质的水蛭会导致品种的过早退化，产量低下，当然效益也就不佳了，因此对于苗种的质量一定要把关。

如果是放养的种蛭，要想在投种一年之内就有好收成，必需选二龄以上的健壮水蛭作种苗，要求个体肥大、健壮无伤、规格大，总的来说个体越大、越健壮，它的产卵量、孵化率和成活率也就越高，规格以每条 15 克以上为好，同时要求水蛭的活动力较强，体表光滑，颜色鲜艳无伤痕，在购买种蛭时最好亲自到购种场，有一小技巧可

130

以帮助你来判断种蛭质量的优劣，就是在距育种池 1 米处吹一口气，看看水池中特别是在蛭的反应，如能作出迅速反应的就是好种蛭。个体在 35 克以上的老蛭应淘汰，另外选购的种蛭在繁殖两个季节后应就要及时将它淘汰。

如果是放养的幼苗，首先要仔细查看，对一些残伤、形态不正、杂种、病态等水蛭幼苗，均应剔除，以金钱蛭为例，一尾优质的幼蛭体色应该是茶黄色的，如果出现褐色就是病态的了，这时要加以鉴别。对受内、外伤的水蛭，如果一时还识别不出来，可暂养 2～3 天后再鉴别。对于幼蛭质量鉴别，这里介绍一个小技巧，就是将白瓷盆装一半的水，然后把幼蛭放到盆里，这里有的幼蛭会紧紧吸附在盆边，有的会沿着盆边爬动，这时可轻轻地用手指在盆中间搅动，形成一个小小的漩涡或水流，如果水蛭仍然紧紧地用吸盘粘贴在盆子上，那么质量就非常好，如果幼蛭随着水流在浮上浮下，不断地挣扎，那就说明这个培育池里的幼蛭质量不佳。另外也可以用手轻轻地触碰一下幼蛭，如果迅速缩为一团的那就是质量比较好的，如果没什么反应或者仅仅是收缩一点点然后又放松身体的，那可能就是有病了，就不能再购买了。

5. 放养时间

种蛭宜在春、秋投放。而幼蛭则宜在孵出一个月后放养。选择晴天上午 7～9 时，下午 5～7 时，先投放少量观察 1～2 天后，根据情况再逐渐投放。池水与盛放水蛭苗种的容器中的水，温差不大于 3℃，否则易引起水蛭"感冒"。

6. 放养规格和密度

养殖密度是指单位体积中水蛭的数量。密度的大小往往会影响整体水蛭的产量和养殖成本。密度过小，虽然个

131

体自由竞争不激烈，每条水蛭的增殖倍数比较大，但整体水蛭的增殖倍数比较小，不能有效地利用场地、人力，产量较低，成本增高，影响经济效益。而密度过大，则会引起食物、氧气不足，个体小的水蛭往往会吃不饱或吃不到食，甚至会引起水蛭间互相残杀。同时代谢产物积累过多，会造成水质污染，病菌孳生和蔓延，容易引起水蛭发病和死亡，因此控制适宜的密度是水蛭池塘养殖高产高效的重要措施。

在生产实践中，我们可以根据不同的养殖条件，来选择不同的放苗密度，条件好的可以多放一点，密度大一点，条件差一点的池塘则可以少放一点，保持水体中水蛭的密度略稀一点。值得注意的是同一池塘放养的水蛭苗种规格要一致。

放养水蛭时，池塘的水深以 30 厘米左右为宜。种蛭以 15～25 克为好，这样水蛭产卵量多，孵化率高，每亩放养 25～30 千克。幼蛭体长在 2 厘米左右，每亩放幼蛭 10000～12000 条为宜。如果养殖技术非常好，加上池塘的条件也很棒，可以将养殖密度扩大至每亩 15000 条。

另外还有一点需要注意的就是，不同的养殖品种和同一品种在不同的生长阶段，它们的放养密度也是有一点差异的，例如日本医蛭的放养密度就要比宽体金线蛭要大一点，这是因为宽体金线蛭个体较大，养殖密度可以适当减少。在 2 月龄以下的水蛭，由于它们的死亡率高，对外界环境的适应能力要差，因此它们养殖的密度是最大的；如果是放养 2～4 月龄的幼蛭，可将密度降低至 2 月龄的 2/3 就可以了；4 月龄以上的，放养密度还要降低，有时只需 2 月龄的 1/3 即可。

还有一点需要注意的是，对于新建的养殖池，最好不要一次性投足种苗，而是采取分批次投放苗种，只有待养殖池总体环境条件趋向食物链综合平衡以后，才能逐步加大投种量。不能机械性地认为每平方米可投放多少千克或多少条，投放量应根据养殖池具体条件与水蛭生长状况之间的平衡而定。

7. 放养前的消毒处理

虽然水蛭对药物的敏感性还是比较强的，但是为了保证水蛭进池后的安全和预防疾病，还是需要在水蛭放入池塘时进行体表消毒的。幼蛭可以用食盐进行消毒，浓度为3%，药浴时间为 3～5 分钟；种蛭投放前用 8～10 毫克/升的漂白粉溶液浸洗消毒，气温 10～15℃时浸 20～30 分钟，气温 16～20℃时浸 15～20 分钟，也可用 10 毫克/升高锰酸钾液浸洗消毒，一般 15～20℃，浸泡 15 分钟左右。

十二、合理投饵

1. 水蛭的饵料种类

水蛭的食性杂，且比较贪食，在自然状态下喜欢吸食小杂鱼、淡水螺类、青虾、龟鳖、蚯蚓、草虾、部分昆虫、鱼虫、水蚤、河蚌以及其他动物的血液、内脏，另外水生菌丝体藻类以及营养丰富的腐殖质等也是它的食物。在进行人工饲养时，它的饲料可用畜禽的血液搅拌配合饲料、草粉、豆饼、花生饼、黄豆、剁碎的空心菜，甚至粪便等，有时畜用配合饲料和农作物的秸秆它也食用，这些饲料来源广、价格低、易解决，合理利用这些饵料资源，也是降低水蛭养殖成本的重要措施之一。

在池塘的小生态环境中，水蛭与各水生生物之间互依共存，只要我们做好前期的肥水工作，再经常投以发酵的动物粪便，加上阳光、空气和水，就能获得食物链的良性循环，保证充足的食物供给。这样成本低、效果好，又能优化生态环境，比按时投食、换水更为主动、方便。

2. 水蛭的投喂

当春天水温上升10℃以上时，应进行投喂饲料，在池塘养殖可投放一定数量的螺蛳或福寿螺，放养量一般为50～100千克/亩，让其自然繁殖，与水蛭共生共长，供水蛭自由摄食。放螺数量不宜过多，过多则与主养品种争夺生存空间，主客易势。

如果是投喂动物血或拌饵投喂时，每周投放畜禽血液凝结血块一次，沿池四周每隔5米放置一块，水蛭嗅到腥味后很快聚拢起来，吸食后很快散去。投喂血块时应注意间隔投喂和及时清除剩饵，天热时更要注意，以免污染和败坏水质，影响水蛭生长。

为了提高水蛭的直接饵料和间接饵料的有效利用，可在池中投放一些萍类等水生植物，这既可作为螺、蚌、蛙、贝、虾的饲料，也可为水蛭提供栖息场所。

3. 不同品种的投喂略有区别

如果是养殖日本医蛭的，由于日本医蛭主要以吸食人、畜的血液为生。在人工饲养时可用新鲜的猪、牛、羊的凝血块，在下午5～6时，投放在池边的饵料台上，饵料台的位置是以半浸在池水中（一半浸入水中，一半露出水面）为宜，引诱医蛭来吸食，投喂量以1日内吃完为宜，吃不完的残饵要在第二天晚上前及时清除，以防止变质而污染水体。

如果是养殖宽体金线蛭的，由于宽体金线蛭主要是以吸食动物的血液为生，同时也取食软体动物、游浮生物、水生昆虫以及泥土表面的腐殖质。因此对它的投喂来说，可以分为两部分，一是在水蛭的生长旺期，可以向池塘里泼洒猪、牛、羊等动物的新鲜血液，这对幼蛭的吸食非常有好处，血液的投喂量要根据池塘中幼蛭的密度来确定，要少量多次地投喂，防止投喂得过多，对池塘的水质造成不良影响。如果是养殖商品水蛭时，可以用猪、牛、羊的血块，为不影响水质，可将血块放在饵料台上供水蛭食用，水蛭嗅到味后便爬上饵料台采食。饵料台上的水蛭在第二天下午也要及时清除干净。

到了五月份，可以向池塘中一次性投放 25 千克螺蛳、河蚌，也可投喂一些蚯蚓，供水蛭吸食，螺蛳和河蚌都能在池中自然繁殖小螺蛳、小河蚌，同时又能滤食水中浮游生物和水蛭残饵，净化水质，但螺蛳和河蚌都不能投放过多，以防止和水蛭争夺空间及水中溶氧。

4. 具体的投喂技巧

水蛭的具体的投喂技巧也要讲究"四定""三看"的投饵技巧，在前文已经有所阐述，在此不再表述了。

十三、水质管理

1. 冲水换水

虽然水蛭对环境和水质要求不高，无需经常换水，在轻度污水中也能正常生长，但是在人工养殖的条件下，水蛭密度是比较大的，要想取得高产，同时保证商品水蛭的优质，必须经常冲水和换水，并防止化肥、农药的污染，水质要保持清洁。冲水和换水可减少水中悬浮物，使水质清新，保持丰富的溶氧。尤其是 7～8 月的高温季节，更要保证进出水口畅通，水质清新和要有一定的溶氧量。

2. 水质调控

水质是水蛭生存的主要条件，直接影响其生长、发育和繁殖，一定要强化水质管理。一是保证合适的水位，水蛭繁殖是在覆盖物下边的泥土中，并不是在水中繁殖。在繁殖期如果水漫过土床 7 天左右，水蛭卵会因缺氧而死亡，要注意保持合适的水位，以确保养殖成功。二是池塘的水质以黄褐色、淡绿色的水体较好，水深 60 厘米，pH 值呈现中性或微酸性。三是在 5 月中旬至 9 月中旬使用微生物制剂，根据水质具体情况，适时投放定量的光合细菌浓缩菌液，每月一次，以调节水质，增加池中溶氧，消除水体中的氨氮等有害物。四是要及时清理已死亡漂浮在水面的螺、蚌尸体。注意，很可能螺壳内有幼蛭，要用镊子将其取出，以减轻对水的污染。

3. 水温调控

水蛭的适宜水温 15～30℃，10℃以下便停止吃食，水温过高会影响生长，当水温达到 30℃以上水蛭就会停止生长。因此，要注意防高温和防低温，高温时可搭遮阳棚防暑，低温时可覆盖塑料膜延长秋季生长时间。另外要在养殖池中放些水浮莲、水葫芦等水草，枯死的水草要及时清除，还可放些石块、瓦片、木板、竹片等物便于水蛭藏身。

4. 底质调控

适量投饵，减少剩余残饵沉底；定期使用底质改良剂（如投放过氧化钙、沸石等，投放光合细菌、活菌制剂），促进池泥有机物氧化分解。

十四、繁殖管理和幼蛭培育

1. 孵化管理

在池塘中养殖水蛭时，利用水蛭的自然增殖能力进行下一年的苗种培育，是提高效益的重要手段。

一是营造良好的水蛭产卵场所，土壤要达到要求的水平，泥土要松软，在池塘周围接近水源处用富含腐殖质的疏松砂质土壤，建成宽约 60 厘米的繁殖平台。平台要保持湿润，可覆盖 1 层水草。下雨时要疏通溢水口，水面不能浸过平台，即使暴雨淹过平台，应于 3 天内复位，否则将会造成卵茧内的幼蛭窒息死亡。

二是要调节温度和控制湿度，繁殖期水温最好控制在 25℃左右。尤其是在晚上，更应注意防止温度的突然下降。在湿度的调节上应掌握两个方面：一方面是产卵场的泥土的湿度要达到 30%～40%，防止过干或过湿；另一方面是空气中的相对湿度应保持在 70%左右。

三是在繁殖期间要投饵，繁殖期水蛭要消耗大量能量，因而饵料要精良、充足，要注意饵料的新鲜。主要应以活体动物如蚯蚓、螺类、动物血液等为主。

四是要保持产卵期池塘附近要保持安静，以免惊动产卵的水蛭，造成空卵茧。孵化期避免在平台上走动，以免踩破卵茧。

2. 幼蛭培育

水蛭在繁殖产卵后，经 16～25 日就可以孵出幼蛭。刚从卵茧中孵化出来的幼水蛭，身体发育不完全，对环境的适应能力差，对病害的抵抗能力较弱，因此，水温应保持在 20～30℃之间，过高或过低都会对幼水蛭生长不利。幼蛭孵出 3 天内主要靠卵黄维持生活，3 天后可自行采食河蚌、田螺、动物的血液，因此要投放充足的饲料。由于幼水蛭的消化器官性能较差，因此，应注意投料的营养性和适口性，饲喂水蚤、小血块、切碎的蚯蚓、煮熟的鸡蛋黄等效果比较好，而且应少食多餐。

十五、分级饲养

对池塘中养殖的水蛭要及时分池,可设小水蛭池、中水蛭池、种蛭池。种蛭池设置在中、小水蛭池中间,池壁安装过滤网,让其自行过滤分离。隔一段时间就要按大、中、小分级饲养,大的筛选出来放回池中留做种蛭,小的放在另外一个池子中继续养,第二年达到商品规格时起捕出售,中等的马上加工成干品出售。

分级饲养,一是便于有针对性地投食,大水蛭池投大田螺,小水蛭池投小田螺等食物。二是可以根据不同阶段的水蛭的进食量投食,避免了投食不均的现象,提高了饲料的利用率。

十六、越冬管理

水蛭的耐寒能力较强,一般不易被冻死。自然条件下,气温低于10℃时就会停止摄食,钻入泥中或石块、树枝枯叶下越冬。人工养殖时的越冬方法可采取三种方法:第一种是加深池水,防止池水完全结冰。池水冻实,就会冻伤水蛭。如果天气确实寒冷,导致水面结冰时,应经常破冰,以保持水中有足够的溶解氧。第二种方法是在池塘四周遮盖厚约5厘米稻草、麦秸、树叶、草苫子或玉米秸秆等物保暖,协助水蛭自然越冬,这种方法省时省力,适合大面积商品水蛭养殖。第三种方法就是将个体大、生长健壮的育种水蛭集中在塑料薄膜棚内越冬,半月投喂一次饲料,这种方法可使水蛭正常生长和活动,待温度稍有回升,即可交配产卵。此外有条件的可利用大棚、地热水、太阳能热水器保温越冬。

一旦水蛭进入越冬状态,禁止进入越冬区域搅动,防止破坏水蛭越冬环境。值得提醒的是水蛭必须经过1～3个月的冬眠才能产卵。

十七、日常管理

1. 建立巡池检查制度

勤做巡池工作，每天早晚各观察1次，重点是检查水蛭的活动、觅食、生长、繁殖等情况，是否有疾病发生，防逃、防盗设施是否有损坏，发现异常及时采取对策，检查有无残饵，以便调整投饵量，当发现池四角及水葫芦等水草上有很多水蛭往上爬等异常现象，多数是因缺氧引起，要及时充氧或换水。经常检查、维修、加固防逃设施，台风暴雨时应特别注意做好防逃工作。

2. 水草的管理

因为水蛭怕阳光直射，水草既是田螺的饲料，又可为水蛭遮光，水蛭还可以在上面产卵。在养殖期间要根据水草的长势，及时在浮植区内泼洒速效肥料。肥液浓度不宜过大，以免造成肥害。

3. 防逃防病害

要经常巡塘，发现水蛭逃跑应及时捉回，查找逃跑原因，采取防逃措施，特别是雨季更应注意水蛭外逃，检查注排水口是否通畅，防水大溢塘。在池塘的四周设立细围网既可防水蛭外逃，又可防止其敌害生物如蛇、鼠等进入蛭池伤害水蛭。

水蛭的天敌主要有田鼠、蛙类、黄鼠狼、蛇等，可采用微电网防治及工具诱捕。一般情况下，水蛭的生命力较强，基本无疾病，只要水源不被化肥、农药及盐碱性溶液污染，保持进出水口通畅，食物新鲜，及时清除饲料残留物，经常换水就能养好水蛭，反之则可能会发生皮肤病和肠道病，这时就要对症下药，科学处理。对于不易治好的应及时加工成药材。

4. 做好养殖记录

记录种苗放养的时间和数量、水温、水质、投料种类和数量，疾病防治以及捕捉与销售等情况，以便于积累科学数据，总结经验，提高养殖技术水平。

十八、捕捞

由于水蛭喜欢生长在杂草丛中，加上池底不可能非常平坦，水蛭又具有钻泥的习性，因此，根据水蛭的生物学特性，可采用以下几种捕捞方法。

1. 捕捞时间

水蛭的生长速度是比较快的，经 3～4 个月的人工饲养，商品水蛭规格达 25 克左右时，即可捕捞上市。在捕捞时可采取捕大留小的措施，规格大的上市，小的放回水体继续养殖。

对于池塘大规模养殖时，一年可集中进行两次捕捞。第 1 次安排在 6 月中下旬，将已繁殖两季的种蛭捞出加工出售。第 2 次安排在 10 月中下旬，早春放养的水蛭一般都已长大，可考虑捕捞一部分，但大部分宜在第二年捕捞。水蛭全部捕捞后要及时清池。

2. 网捕

收获以夜间昏暗时为好，捕捞时，先排一部分水，然后用网捞起，对上规格的水蛭要及时捕捞，可以降低存塘水蛭的密度，有利于加速生长。

3. 血液诱捕

取若干个丝瓜络或草把串在一起，浸泡动物血约十分钟，在阴凉的地方自然晾干后，再放入水中进行诱捕，每隔2～3小时取出丝瓜络或草把串一次，抖出钻在里面的水蛭，拣大留小，反复多次，可将池中大部分成蛭捕尽。

>>>

第五节　水泥池养殖水蛭

一、水泥池养殖水蛭的优势

自然界里水蛭喜欢生长在池塘、稻田、湖泊之中，它喜欢在堤埂、池边，尤其是晚上喜欢在水草上活动休息。针对水蛭的生活习性和生长规律，在人工养殖的情况下，可运用立体的模式，进行高密度养殖，进行水泥池养殖就是一种有益的尝试。在利用水泥池养殖水蛭的实践中努力营造出最适宜水蛭生长的环境条件，可在养殖池内创造多角、多墙壁的环境，人为地提供一个可供水蛭吸附、攀爬、休息、交配、取食、排泄的良好的养殖环境，就可以达到高产高效的目的。与传统的池塘养殖水蛭相比，利用水泥池养殖水蛭具有以下的几个优点：

1. 养殖密度高

水泥池养殖水蛭，由于采用新颖的养殖技巧，可以将同一水体开发出多层次的空间，就像在同一地面上盖的楼房，每层都可以养殖水蛭，因此养殖密度就变大了，可以有助于提高单位面积的养殖产量。

2. 养殖面积不分大小

在房前屋后、荒地、老厂房场地等，只要略加改造就可以兴建成水泥池，而且成品水蛭能够采收干净，一次投入，可以数年养殖，是农民群众发展庭院经济的一条好门路。

3. 干净卫生

在人工养殖水蛭时，由于是高密度的养殖，势必要加大饲料的投喂量。在池塘养殖中，如果饲料过多地沉积在池底的淤泥中，导致淤泥发酵后必然带来很多副作用，产生许多有毒、有害物质，影响水质。泥塘的水质一旦恶化，就很难恢复了，水质的恶化也势必会引起产量下降。而水泥养殖池底部是用水泥做底，即使饲料沉积在底部，也可以及时将它们捞上来，减少腐败变质影响水质的可能性。

4. 适应生长习性

通过在自然界生存环境的水蛭调查分析，生长在软烂河泥池塘里的水蛭，要比长在河底坚硬池塘里水蛭生长缓慢。实践分析推测，水蛭的后吸盘在坚硬底上爬行，也许将会促进消化功能，从而加快了生长速度，而水泥池的泥底和池壁都是硬硬的，满足了水蛭爬行时的需求。

5. 方便捕捞

在进行池塘养殖时，水体空间的利用率低，水蛭到了冬季就会钻到泥里了，导致采捕时的效率不高。而进行水泥池养殖时，由于没有泥土供它们钻洞，所以在捕捞时，只要用网子往池底部一兜，就很少有漏网的水蛭了，捕捞不但方便，而且捕捞率几乎达到100%。

6. 管理方便

在日常管理中，能及时观察到不健康的水蛭，包括养殖期间的正常性伤亡蛭，能随时捞上来加工，以待销售，不会造成损失，在池内水质污染或产生病菌时，能在短时间内更换新水或清池消毒，而且换水也容易，不会影响大面养殖区域。

7. 效益较高

在人工创造水蛭生长环境下，利用水泥池进行立体高密度养殖，效益倍增。

总之，利用水泥池养殖水蛭解决了捕捞不方便、劳动强度大、起捕率不高的问题，为大规模生产水蛭开辟了广阔的前景。当然风险系数也大大增加，建议刚刚开始从事水蛭养殖的人，还是谨慎为好。

二、水泥池场地选择与建设

养殖场地要选择交通方便，电力有保障、水质良好的地方。有温水的地方更佳，可以通过调节水温使水蛭一直处在最适水温条件下生长。

养殖池是用砖块砌成的水泥池，或将池子底部铺着专用的硬质薄膜，池子一般长 5 米、宽 4 米，面积在 20 米^{2}左右，水深 40 厘米，可多池并排建成地下式或地上式等，但每池应有独立的进水和排水系统，以利于防病。

池塘四周壁高 80 厘米，并用水泥抹平，壁顶用砖横砌成 T 字形压口，用以水蛭防逃和防水蛇进入，池壁顶下 15 厘米处安直径 10 厘米溢水管，呈双 T 型（溢水管、排水管的方向与排水沟应在同一边）。水泥池一边池壁顶下 10 厘米设直径 10 厘米进水管，另一边池底设直径 8 厘米排水管并安开关 1 个。池底的设计要有利于集中排污，排水管处池内下挖 30 厘米深，面积 3 米^2 的长方形集蛭坑，以便水蛭夏天避暑和捕捞方便。进水管、溢水管、排水管，管口要用纱窗包好。排水沟留在两池之间，沟宽 20 厘米，沟深约 30 厘米。

三、水泥池的处理

老的水泥池在使用前要进行检查，不能出现破损、漏水的现象，并用药物进行消毒后方可用于水蛭的放养。

新建的水泥池也不能直接用于水蛭的养殖，必须进行脱碱处理，这是因为新建造的水泥池，混凝土含有大量水泥碱，对氧有强烈的吸收作用，可使水中溶氧量降低，pH值上升，形成过多的碳酸钙沉淀物，为了给水蛭创造一个良好的生长环境，有必要对新修建的水泥池在使用前进行脱碱处理，处理后的水泥池经试水确认对水蛭安全后方可使用，脱碱的方法可以用以下的几种方法。

1. 冰醋酸法

新建水泥池，需用冰醋酸予以中和。在新池注满水后，可用10％的冰醋酸洗刷水泥池表面，然后蓄满水浸泡5～7天左右，更换新水后即可投放种苗。

也可以用冰醋酸这样处理，每1米²面积水池加入约50克冰醋酸均匀混合，24小时后排出；再重复1次，约3～5天后排走；再放清水浸泡2～3遍，然后放养一些幼小的水蛭入池以了解水质安全性。如试水的水蛭反应良好，则可大量进行水蛭的养殖了。

2. 过磷酸钙法

对新建造的水泥池，加满水后，按每立方米水体用上1千克的比例加入过磷酸钙浸池泡上2～3天，每天搅拌一次后，放掉旧水换上新水后，即可投放种苗。

3. 酸性磷酸钠法

新建的水泥池，蓄满水后按每立方米溶入20克酸性磷酸钠，浸泡1～2天，更换新水后即可投放种苗。

4. 漂白粉法

先注入少量水，用毛刷带水洗刷全池各处，再用清水冲洗干净后，注入新水，用10毫克/升漂白粉溶液泼洒全池，浸泡5～7天后即可放养水蛭使用。

5. 高锰酸钾法

在新建的水泥池里先注入少量水，用毛刷带水洗刷全池各处，用清水冲洗干净。晾晒一天后再次注入新水，用10毫克/升高锰酸钾溶液泼洒全池，浸泡2天后即可放养水蛭使用。

6. 硫代硫酸钠法

新建的水泥池必须先用硫代硫酸钠先进行脱碱，将水泥池注入水，药物的用量为每立方米1克，浸泡15天水后试水确认无毒时才能放养水蛭苗种。

7. 稻草法

将水泥池加满水后，放上一层稻草或麦秸秆，浸泡一个月左右使用。

8. 水泡法

将水泥池注满水后，浸泡3~4天，换上新水再浸泡3~4天，反复换4~5遍清水就可以了。

9. 薯类脱碱法

新建水泥池，急需投放种苗但手中一时没有合适的药物时，可采用番薯、土豆等薯类擦抹池壁，使淀粉浆粘在池表面，然后再涂上一层烂泥土，浸泡1天即可脱碱。

四、底质控制

由于水泥养殖池中的底部全是用水泥抹平的，没有泥土，因此需要在池子里添加一些多孔塑料泡沫或木块、水草等非泥土介质，对底质进行控制，方便水蛭钻入洞孔或吸附在里面进行栖息、隐匿。既可多层次立体利用水体，又便于捕捞水蛭，效果不错。这些水泥池底质介质包括以下几类。

1. 细沙

这是水泥池养殖水蛭使用最方便的一种，类似于泥土，但比泥土干净卫生，使用成本也不高，缺点就是再次使用时清洗比较麻烦。

2. 多孔塑料泡沫

这是目前运用较多的一种，由于来源方便，加上轻便耐用，所以使用范围较广。可选择厚度为 15～20 厘米的塑料泡沫，长度、大小没有特别的要求，在上面每隔 5～7 厘米钻数个直径为 2 厘米的孔洞。然后将若干个已经钻好孔的塑料泡沫重叠在一起，形成一个大的立体状，好像人类的高楼大厦一样，最后是将这些塑料泡沫加以固定，让它浮在水面以下，但不露出水面。

3. 多孔管

可以在池中放置一些多孔管或塑料管，这些管子长 25 厘米、孔径 2 厘米左右，先将 10 根管子扎成一排，然后垒放在池子里，可以垒放三至 5 层。

4. 多孔木块或混凝土块

这类与多孔塑料泡沫效果差不多，同样需要在木块上钻孔，多孔木块或混凝土块的大小、厚度、间距与多孔塑料泡沫一样，每三块板叠成一堆后铺排在水中，从底往上排，每平方米水面下放一堆。混凝土空心砖，由市场上购买而得，规格为 39 厘米×19 厘米×15 厘米。用时将它成纵列竖立排在池底上，每平方米放 3 块。

5. 秸秆

就是先在池底铺上一层厚约 15 厘米的禾秆或麦秆，上面覆盖几排筒瓦并相互固定好，然后再在上面放一层秸秆和一层瓦片。

也可以直接用秸秆捆，把经选择好的没有霉烂、晾干的玉米秸或高粱秸、芝麻秆和油菜秆等秸秆，用 10 号铁丝扎成每捆直径为 40～50 厘米。用钢钎或木棒在它上面捣一些孔径为 5～8 厘米的洞，绑上沉石，将它平沉池底，每 2 米² 放一捆。

6. 水草

这是目前应用最广泛、使用效果最好的一种了，在养蛭池中放水花生、水葫芦等水草，漂浮在水面，也可以沿池壁四周用绳固定水草区域，夏热时节为水蛭遮阳隐蔽、降温防暑；水草根系发达，不仅给水蛭提供了良好的栖息场所，水蛭也可以吸附在草根里。水草还可调节水温，净化水质，改善池内的生态环境。水草的覆盖面积占水面总面积的 1/3 左右，为水蛭提供了一个良好的栖息场所。

五、苗种放养

放养水蛭时，水泥池的水深控制在 25 厘米左右为宜。在放养水蛭苗之前，应对一些残伤、形态不正、杂种、病态的水蛭种苗进行剔除。幼蛭体长在 2 厘米左右，以每平方米放水蛭幼苗 70～100 条为宜。

由于水泥池养殖是不适宜水蛭进行自然繁殖的，因此不需要投放种蛭，基本上是以幼蛭为主，最好是选二个月以上的健康水蛭作种苗，幼蛭的个体越大、越健壮，它们的成活率也越高，增长也越快，商品水蛭的个体也越大，市场上也越受欢迎。

六、水质控制

在水泥池中养殖水蛭时，对水质的要求比较严格，这是因为由于没有底泥的自净作用，所以养殖池水完全依靠外来水质的优良供应。

首先是调节水质，水源是水蛭生存的主要条件，直接影响其生长、发育和繁殖。在水泥池中进行人工养殖水蛭时，由于投放的密度大，故水质较易恶化，所以水质一定要调节好，要求水质肥爽清新，不要有异味异色，可以2～3天换一次水，如果有微流水不断流入更好。换水时应先将池底污浊的水排出，然后加入新鲜的水。

除了定期换冲水进行了水质调节外，目前还利用某些微生物将水体或底质沉淀物中的有机物、氨氮、亚硝态氮分解吸收，转化为有益或无害物质，而达到水质（底质）环境改良、净化的目的。这种微生物净化剂具有安全、可靠和高效率的特点。目前这一类微生物种类很多，通称有益细菌，在养殖水蛭时最常用的有光合细菌、芽胞杆菌、EM原露等。

其次是水温控制，养殖池的水温最好在 10～35℃，在10℃以下水蛭就会停止摄食，35℃以上会影响水蛭的生长。当 7 月～8 月气温较高时，可以在水面上放养一些浮萍、水葫芦等来庇荫。

七、科学投喂

在水泥池中养殖水蛭时，进行科学投喂是必不可少的，否则水蛭就会因缺乏食物而不断消瘦甚至死亡，投喂的饵料和投喂方式与池塘养殖水蛭是一样的。这里不再赘述。

>>>

第六节 稻田养殖水蛭

稻田养殖水蛭是指将稻田这种潜在水域加以改造、利用，用来养殖水蛭的一种模式，进行稻田养殖水蛭不仅有投资省、见效快的优点，而且还有节肥、增产、省工的好处。

一、稻田养殖水蛭的原理

利用稻田养殖水蛭是一种生物共生原理的具体体现，它的内涵就是以废补缺、互利互助、化害为利。稻田是一个人为控制的小生态系统，稻田养了水蛭，促进稻田生态系中能量和物质的良性循环，使其生态系统又有了新的变化。稻田中的杂草、虫子、稻脚叶、底栖生物和浮游生物对水稻来说不但是废物，而且都是争肥的，如果在稻田里放养水蛭，它们不仅可以利用这些生物作为直接饵料或间接饵料，促进水蛭的生长，同时也消除了与水稻争肥的对象，而且水蛭的粪便还为水稻提供了优质肥料。另外，水蛭在田间栖息，爬行觅食，疏松了土壤，破碎了土表"着生藻类"和氮化层的封固，有效地改善了土壤通气条件，又加速肥料的分解，促进了稻谷生长，从而达到水稻和水蛭双丰收的目的。总之，稻田养殖水蛭是综合利用水稻、水蛭的生态特点达到稻蛭共生、相互利用，从而使稻蛭双丰收的一种高效立体生态农业，是动植物生产有机结合的典范，是农村种养殖立体开发的有效途径。

二、稻田养殖水蛭的特点

一是立体种养殖的模范：在同一块稻田中既能种稻也能养水蛭，把植物和动物、种植业和养殖业有机结合起来，更好地保持农田生态系统物质和能量的良性循环，实现稻蛭双丰收。

二是环境特殊：稻田属于浅水环境，浅水期仅 7 厘米水，深水时也不过 20 厘米左右，因而水温变化较大，因此为了保持水温的相对稳定，在稻田中间和四周开挖一些沟沟坎坎等田间设施是必须要做的工程之一。另一个特点就是水中溶解氧充足，经常保持在 4.5～5.5 毫克/升，且水经常流动交换，放养密度又低，所以水蛭的疾病较少。

三是稻田养殖水蛭的模式为养殖业增加新的水域，不需要占用现有养殖水面，开辟了养殖生产的新途径和新的养殖水域。

四是保护生态环境，有利改良农村环境卫生。在稻田养殖水蛭的生产实践中发现，利用稻田养殖水蛭后，稻田里及附近的摇蚊幼虫密度明显地降低，最多可下降 50％左右，成蚊密度也会下降 15％左右，有利于提高人们的健康水平。

五是增加收入，利用稻田养殖水蛭后，稻田的平均产量不但没有下降，还会提高 10％～20％左右，同时每亩地还能收获一定数量的商品水蛭，相对地降低了农业成本，增加了农民的实际收入。

六是一年投入多年受益，在稻田中养殖水蛭，当水稻生产结束后，水蛭还可以养殖一段时间，当湿度继续下降后，水蛭会进入泥土中进行冬眠，到第二年条件合适时又可以出来活动，因此在第一年投放水蛭苗种后，只要加强一定管理，就可以年复一年地收获水蛭了。在农村生活的人们都知道，当农村在稻田里栽秧或拔草时，会有许多水蛭爬在腿上吸血，这些水蛭就是以前稻田中留下的，只要我们采取一定的保护措施，就足以让稻田中的水蛭得到永续利用。

三、养蛭稻田的生态条件

稻田的特点是水位浅，水温适宜，又有水稻遮阳，含氧量高、饵料丰富，都适合水蛭的生长和繁殖。因此，在我国大部分稻田中，都生长有不同品种的水蛭。

但是养殖水蛭的稻田为了夺取高产，获得稻蛭双丰收，还是需要一定的生态条件做保证，根据稻田养水蛭的原理，我们认为一个高产的养水蛭稻田应具备以下几条生态条件：

1. 光照要合适

光照不但是水稻和稻田中一些植物进行光合作用的能量来源，也是水蛭生长发育所必需的，虽然说水蛭对光照有负趋光性，但是它的生命活动中也离不开适当的光照，因此可以这样说，光照条件直接影响稻谷产量和水蛭的产量。每年的 6～7 月份，秧苗很小，因此阳光可直接照射到田面上，促使稻田水温升高，浮游生物迅速繁殖，为水蛭的生长提供了直接饵料和间接饵料，而此时水蛭刚刚从繁殖期恢复过来，活动还不是特别旺盛，在光照强烈时可以暂时蛰伏在稻田的泥土上休息，因此此时的光照对水稻是有利的，对水蛭也并无不适现象。当水稻生长至中后期时，也是一年中温度最高的季节，此时稻禾茂密，正好可以用来为水蛭遮阳、躲藏，而此时也正是水蛭生长发育的旺盛时期，它也是喜欢阴暗的环境，在水稻禾苗的遮挡下，水蛭的活动可以说是如鱼得水，白天和夜间都会大量活动，摄食欲望也强，捕食能力也强，是有利于水蛭的生长发育的。

2. 水温要适宜

稻田水浅，一般水温受气温影响甚大，有昼夜和季节变化，因此稻田里的水温比池塘的水温更易受环境的影响。另一方面水蛭是一种变温动物，它的新陈代谢强度直接受到水温的影响，所以稻田水温将直接影响稻禾的生长和水蛭的生长。为了获取水稻和水蛭双丰收，必须为它们提供合适的水温条件，在早期可利用自然光照来促进水温的升高，促进水稻和水蛭的共同生长；到了水稻生长的中晚期，高大的禾苗又为稻田里的水蛭提供一个凉爽荫蔽的环境，这时的温度也会比自然界的气温低好几度，正好处于水蛭的最适宜生长温度范围。

3. 溶氧要充分

稻田水中溶解氧的来源主要是大气中的氧气溶入和水稻及一些浮游植物的光合作用，因而氧气是非常充分的。水体中的溶氧越高，水蛭摄食量就越多，生长也越快。因此长时间地维持稻田养蛭水体较高的溶氧量，可以增加水蛭的产量。这种溶解氧在水稻早期是绝对没有问题的，为了提高稻田中后期的溶解氧，保证稻田能长时间保持较高的溶氧量，可以采取这几种方法来达到目的：一种方法是适当加大养殖水蛭的水体，主要技术措施是通过在稻田养殖初期开挖田间沟和环沟来实现交换溶解氧的功能；二是尽可能地创造条件，保持一定的微流水环境来实现；三是经常换冲水或及时添加田水也能带来丰富的氧气；四是及时清除田中水蛭未吃完的剩饵和其他生物尸体等有机物质，减少它们因腐败而导致水质恶化的可能性。

4. 天然饵料要丰富

一般稻田由于水浅、温度高、光照充足、溶氧量高，适宜于水生植物生长，植物的有机碎屑又为底栖生物、水生昆虫和昆虫幼虫繁殖生长创造了条件，从而为稻田中的水蛭提供较为丰富的天然饵料，有利于水蛭的生长。

四、稻田的选择

养殖水蛭的稻田要有一定的环境条件才行，不是所有的稻田都能用来养殖水蛭的，一般的环境条件主要有以下几种。

1. 水源

选择养殖水蛭的稻田，应选择排灌方便、水源充足，水质良好，雨季水多不漫田，旱季水少不干涸，无有毒污水、低温冷浸水流入，周围无污染源，保水能力较强的田块，农田水利工程设施要配套，有一定的灌排条件，低洼稻田更佳。

2. 土质

由于黏性土壤的保持力强，土质也肥沃，因此要选择保水力强和肥力好的地块，这样的田块渗漏力较小，这种稻田是可以用来养殖水蛭的。而矿质土壤、盐碱土以及渗水漏水、土质瘠薄的稻田均不宜养殖水蛭。

3. 面积

面积少则几亩，多则十几亩，面积大比面积小更好，但是也不能一味求大，一般可控制在最大不要超过15亩的规模。

4. 其他条件

稻田周围没有高大树木，桥涵闸站配套，通水、通电、通路。

五、田间工程建设

对养殖水蛭的稻田要进行适当的田间工程建设，这是最主要的一项工程，也是直接决定养殖水蛭产量和效益的一项工程，千万不能马虎。

1. 开挖田间沟和环沟

养殖水蛭的稻田田埂要相对比一般稻田高一点，正常情况下要能保证保有 20～40 厘米的水深。除了田埂要求外，还必须适当开挖田间沟，这是科学养殖水蛭的重要技术措施。稻田因水位较浅，夏季高温对水蛭的影响较大，因此必须在稻田四周开挖环形沟，面积较大的稻田，在稻田的中间，根据地块的大小，还应开挖"田"字型或"川"字型或"井"字型的田间沟。环形沟距田间 1.5 米左右，环形沟上口宽 3 米，下口宽 0.8 米；田间沟沟宽 1.5 米，深 0.5～0.8 米，坡比 1∶2.5。田间沟既可防止水田干涸和作为烤稻田、施追肥、喷农药时水蛭的退避处，也是夏季高温时水蛭栖息隐蔽遮阳的场所，沟的总面积占稻田面积的 5%～10% 左右。

也有的养殖户直接在田块中间挖一个或几个池塘。一般以 100 米² 中间挖一个 1 米² 的池塘为宜，池塘与池塘之间，以及在稻田的四周挖深、宽各约 30 厘米的保护连通沟，使池、沟相通。

2. 加高加固田埂

为了保证养水蛭的稻田达到一定的水位，增加水蛭活动的立体空间，须加高、加宽、加固田埂，平整田面，可将开挖环形沟的泥土垒在田埂上并夯实，确保田埂高达 1.0～1.2 米，宽 1.2～1.5 米，田埂加固时每加一层泥土都要打紧夯实，要求做到不裂、不漏、不垮，在满水时不能崩塌跑水蛭。

3. 防逃设施

如果要想在稻田中进行高密度的养殖，取得高产量和高效益，是很有必要在田埂上建设防逃设施。具体的防逃设施同前文基本上一样的，就是在田埂上采取水蛭专用防逃网将稻田圈围起来，在圈围时要注意将网布拉紧，每隔50米左右就用木桩固定在田埂上，要注意将网布向稻田内倾斜15°角，网布上沿再用细铁丝绷紧就可以了。如果有条件的话，还可以在离网布上沿10厘米处缝一条宽15厘米左右有硬质塑料薄膜，一定要注意缝在网衣的内缘。

另外在稻田开设的进排水口应用双层密网防逃，同时为了防止夏天雨季冲毁堤埂，稻田应开施一个溢水口，溢水口也用双层密网过滤，防止水蛭乘机逃走。

4. 放养前的准备工作

（1）及时杀灭敌害

在放养水蛭前10～15天，要清理一次环形沟和田间沟（或沟内小池塘），除去浮土，修正垮塌的沟壁，每亩稻田的环形沟和田间沟用生石灰10～15千克进行彻底清沟消毒，或选用鱼藤酮、茶粕、漂白粉等药物杀灭田鼠、水蛇等水生敌害、寄生虫和致病菌等。

（2）种植水草营造适宜的生存环境

在环形沟及田间沟种植沉水植物如聚草、苦草、水花生、空心菜、马来眼子菜、轮叶黑藻、金鱼藻等沉水性水生植物，并在水面上移养漂浮水生植物如芜萍、紫背浮萍、凤眼莲、水葫芦等，但要控制水草的面积，一般水草占田间沟面积的10%～20%，以零星分布为好，不要聚集在一起，这样有利于田间沟内水流畅通无阻塞。还可在离田埂1米处，每隔3米打一处1.5米高的桩，用毛竹架设，在田埂边种瓜、豆、葫芦等，等到藤蔓上架后，在炎夏可以起到遮荫避暑的作用。

（3）施足基肥，培肥水体，调节水质

为了保证水蛭有充足的直接活饵料或间接活饵料供取食，可在放种苗前一个星期，往田间沟中注水50～80厘米，然后施有机肥，常用的有干鸡粪、猪粪来培养饵料生物，每亩施农家肥 500 千克，一次施足，并及时调节水质，确保养蛭水质保持肥、活、嫩、爽、清的要求。

六、水稻栽培

1. 水稻品种选择

水稻品种要选择经国家审定适合本区域种植的优质高产高抗品种，品种特点要求叶片开张角度小，属于抗病虫害、抗倒伏且耐肥性强的紧穗型品种，目前常用的品种有丰两优系列、新两优系列、两优培九、汕优系列、协优系列等优质高产品种。

2. 整地方式和要求

先施基肥后整地，用机械干耕，后上水耙田，再带水整平。

3. 施肥方式和使用量

中等肥力田块，每亩施腐熟厩肥 3000 千克，同时播施氮肥（N）8 千克，磷肥（P_2O_5）6 千克，钾肥（K_2O）8 千克，均匀地撒在田面并用机器翻耕耙匀。

4. 育苗和秧苗移植

全部采用肥床旱育模式，稻种浸种不催芽，直接落谷，按照肥床旱育要求进行操作。

秧苗一般在 5 月中旬、秧龄达 30～35 天开始移植，移栽时水深 3 厘米左右，采取条栽与边行密植相结合、浅水栽插的方法，为了让禾苗早日成活，提供更多的生长时间供水蛭发育，我们建议养殖水蛭的稻田宜提早 10 天左右进行栽插。在移植时要充分发挥宽行稀植和边坡优势的技术，确定每亩移栽 1.5 万～2 万穴，杂交稻每穴 1～2 粒种子苗，其株行距为 13.3 厘米×30 厘米或 13.3 厘米×25

厘米，确保水蛭在田面活动时的生活环境通风透气性能好。旱育秧移栽大田不落黄，返青快，栽后 3 天活棵，5 天后开始新的分蘖。

七、水蛭放养

不论是投放当年培育的水蛭苗种，还是放养即将怀孕产卵的亲水蛭，应力争一个"早"字。早放既可延长水蛭在稻田中的生长期，又能充分利用稻田施肥后所培养的大量天然饵料资源。

为了促进水蛭在稻田中的自然增殖能力，提高以后稻田里水蛭的群体数量，水蛭的放养建议是以亲蛭为主，每亩放养 5000 尾左右，在放养后的第一年里，大部分水蛭会繁殖，此时可捕捞出已经繁殖过的亲体水蛭，这种水蛭的规格都是比较大的，价格也比较高，可以收回当年苗种投入的本钱，繁殖的幼蛭留在第二年再进行捕捞。

如果是放养幼蛭，2 月龄以下的，每亩可以放养 10000 尾，如果是 2～4 月龄的，放养密度可以稀一点，每亩放养 8000 尾；如果是放养 4 月龄以上的，则放养密度还要稀一点，以每亩 5000 尾就可以了。

在稻田里放养水蛭时，一般选择晴天早晨和傍晚或阴雨天进行，这时天气凉快，水温稳定，有利于放养的水蛭能及时适应新的环境。放养时，要有耐心，千万不要将所有的水蛭一股脑儿地倒在一起，可以沿田间沟四周多点投放，最好是将装在盆里且消毒后的水蛭轻轻地倾斜，让水蛭慢慢地爬到田间沟里，使水蛭苗种在沟内均匀分布。水蛭在放养时，要注意水蛭的质量，同一田块放养规格要尽可能整齐，放养时一次放足。放养时用 3‰～4‰ 的食盐水浴洗 5 分钟消毒。

八、水位调节

　　水位调节，是稻田养殖水蛭过程中的重要一环，应以稻为主，在水蛭放养初期，田水宜浅，保持在 10 厘米左右，随着水蛭的不断长大，水稻的抽穗、扬花、灌浆均需大量水，所以可将田水逐渐加深到 20～25 厘米，以确保两者（蛭和稻）需水量。在水稻有效分蘖期采取浅灌，保证水稻的正常生长；进入水稻无效分蘖期，水深可调节到 20 厘米，既增加水蛭的活动空间，又促进水稻的增产，同时，还要注意观察田沟水质变化，一般每 3～5 天加注新水一次；盛夏季节，每 1～2 天加注一次新水，以保持田水清新和提供充足的氧气。

九、投饵管理

　　首先通过施足基肥，适时追肥，培育大批枝角类、桡足类以及底栖生物来提供给水蛭适口的直接饵料和间接饵料，同时在 3 月还应放养一部分螺蛳，每亩稻田 100～150千克，并移栽足够的水草，为水蛭的生长发育提供丰富的天然饲料。

　　其次是加强人工饲料的投喂，投喂时也要实行定时、定位、定量、定质投饵技巧。早期每天分上、下午各投喂一次；后期在傍晚 4～5 点多投喂。投喂饵料品种多为鲜活的小杂鱼、锤碎的螺蛳肉和河蚌肉、蚯蚓、动物内脏、屠宰厂的下脚料、蚕蛹，配喂玉米、小麦、大麦粉、豆类、新鲜蔬菜、瓜果等。还可投喂适量植物性饲料，如水葫芦、水芜萍、水浮萍等。平时要坚持勤检查水蛭的吃食情况，当天投喂的饵料在 2 小时内被吃完，说明投饵量不足，应适当增加投饵量，如在第二天还有剩余，则投饵量要适当减少。

十、科学施肥

养殖水蛭的稻田一般以施基肥和腐熟的农家肥为主，基肥要足，促进水稻稳定生长，保持中期不脱力，后期不早衰，群体易控制，达到肥力持久长效的目的，每亩可施农家肥 300 千克，尿素 20 千克，过磷酸钙 20～25 千克，硫酸钾 5 千克，在插秧前一次施入耕作层内。放养水蛭后一般不施追肥，以免降低田中水体溶解氧，同时也可能会毒害水蛭，从而影响水蛭的正常生长。如果发现水稻发黄脱叶，有缺肥的现象，可少量追施尿素，每亩不超过 5 千克，或用复合肥 10 千克/亩，或用人、畜粪堆制的有机肥，追肥时要做到对水蛭的生长没有任何不良影响，先慢慢地排浅田水，并用新鲜猪血引诱，让水蛭集中到环沟、田间沟中或中间的小池塘里再施肥，有助于肥料迅速沉积于底泥中并为田泥和禾苗吸收，随即加深田水到正常深度；也可采取少量多次、分片撒肥、根外施肥或球肥深施的方法。

十一、科学施药

在稻田里养殖水蛭，能不用药时坚决不用，需要用药时则选用高效低毒的农用药及生物制剂，在水蛭苗种入田后，如果再发生草荒时，最好是采用人工拔除的方法。这是因为一方面水蛭对很多农药都很敏感，另一方面稻田养殖水蛭时能有效地抑制杂草生长，水蛭可以以昆虫为直接饵料或间接饵料，从而降低病虫害对水稻的影响，所以要尽量减少除草剂及农药的施用。

如果确因稻田病害或水蛭疾病严重需要用药时，应掌握以下几个关键：①科学诊断，对症下药；②选择高效、低毒、低残留农药或无毒农药；③喷洒农药时，一般应先把水蛭用动物血引诱到田间沟或稻田中间的小池塘里，然后再慢慢地放干稻田表层水，待水蛭都慢慢地进入到田间沟或小池塘里时，再用药，待八小时后立即上水至正常水位；④施农药时要注意严格把握农药安全使用浓度，确保水蛭的安全，粉剂药物应在早晨露水未干时喷施，水剂和乳剂药应在下午喷洒，因稻叶下午干燥，能保证大部分药液吸附在水稻上，尽量不喷入水中；⑤降水速度要缓，等水蛭爬进田间沟或小池塘后再施药；⑥可采取分片分批的用药方法，即先施稻田一半，过两天再施另一半，同时尽量要避免农药直接落入水中，保证水蛭的安全。

十二、科学晒田

农谚对水稻用水进行了科学的总结，那就是"浅水栽秧、深水活棵、薄水分蘖、脱水晒田、复水长粗、厚水抽穗、湿润灌浆、干干湿湿。"水稻在生长发育过程中的需水情况是在变化的，养殖水蛭的水稻田，养殖需水与水稻需水是主要矛盾。如果田间水量多，水层保持时间长，对水蛭的生长是有利的，但对水稻生长却是不利，尤其是禾苗分蘖时对水的要求更加严格。因此有经验的老农常常会采用晒田的方法来抑制无效分蘖，促进根系的生长，健壮茎秆，防后期倒伏，一般是当茎蘖数达计划穗数80%～90%开始自然落干晒田，这时的水位很浅，这对养殖水蛭是非常不利的，因此要做好稻田的水位调控工作是非常有必要的。生产实践中我们总结一条经验，那就是"平时水沿堤，晒田水位低，沟池起作用，晒田不伤蛭"。晒田前，要清理田间沟和小池塘，严防田间沟的阻隔与淤塞。晒田总的要求是轻晒轻烤或短期晒。晒田时，不能完全将田水排干，沟内水深保持在 20 厘米，使田块中间不陷脚，田边表土不裂缝和发白，以见水稻浮根泛白为适度。晒田时间尽量要短，晒好田后，及时恢复原水位。

十三、加强其他管理

其他的日常管理工作必须做到勤巡田、勤检查、勤研究、勤记录。坚持早晚巡田，检查沟内水色变化和水蛭的活动、摄食、生长情况，决定投饵、施肥数量；检查堤埂是否塌漏，平水缺、进出水口筛网是否牢固，防止逃蛭和敌害进入；检查田间沟、小池塘，及时清理，防止堵塞；汛期防止漫田而发生逃蛭的事故；检查水源水质情况，防止有害污水进入稻田；维持田间沟内有较多的水生植物，数量不足要及时补放；高温季节，每 10 天换 1 次水，每次换水 1/3，每 20 天泼洒 1 次生石灰水调节水质。因此在日常管理时要及时分析存在的问题，做好田块档案记录。

>>>

第七节　沼泽地养殖水蛭

一、沼泽地的特点

沼泽地的最明显特点就是面积比较大，水陆参差不齐，有水的地方，水位虽然高低不一，但相对较浅，非常适宜水蛭的生长。

二、沼泽地养殖水蛭的优势

沼泽地里的水生植物茂盛，沼泽地底层有机物、腐殖质含量较多，浮游生物、水生动物丰富，水蛭喜欢的天然食饵比较丰富，因此非常适宜发展水蛭的养殖。

三、防逃设施

在沼泽地里养殖水蛭，一般只要在圈定的范围内建好围栏，就可以放养水蛭了，不需要像集约化养殖投入较大的资金用于防逃。

四、水蛭的放养

为了促进水蛭在野外的自然增殖能力，提高沼泽地里水蛭的群体数量，水蛭的放养建议是以亲蛭为主，每亩放养 2000 尾左右，在放养后的第一年里不要捕捞，第二年再开始捕捞。

如果是放养幼蛭，2 月龄以下的，每亩可以放养 10000 尾，如果是 2～4 月龄的，放养密度可以稀一点，每亩放养 6000 尾；如果是放养 4 月龄以上的，则放养密度还要稀一点，以每亩 4500 尾就可以了。

五、补充饵料

在沼泽地中养殖水蛭，一般是不需要投喂饲料的，沼泽地中的野生水草和野杂鱼类等足以满足它们的生长需要了。

当然了，在水蛭放养后，我们还是要及时进行观察，当发现水蛭增殖较快时，水草边上爬满水蛭时，这时就要适当补充饵料了。可定期投放一些猪血或屠宰下脚料，同时向沼泽地里补充一些田螺和河蚌。

六、捕捞

从第二年的 4 月开始，定期对水蛭进行生长监控，当发现水蛭达到上市规格时，这时可以用诱捕的方法来进行捕捉，在捕捞时要注意捕大留小，以后每年只是收获，无需放种。一旦发现捕捞强度太大，影响到第二年的生产力时，就要及时补充苗种。

>>>

第八节　洼地养殖水蛭

一、洼地养殖水蛭的优势

洼地的生态条件多种多样，但它具有养殖水蛭的一些优点：一是低洼地多分布在江河中下游和湖泊水库的中下游，附近水源充足，面积较大，可采用自然增殖和人工养殖相结合的方式，来减少人为投入，尤其是水蛭苗种的投入；二是在洼地里中多生长着芦苇等各种各样的杂草，这些鲜嫩的杂草也是水蛭的直接饵料或间接饵料；三是低洼地里的水温相对较高，水位较浅，水体交换容易，溶氧充足；四是在低洼地里，田螺、河蚌等底栖生物较多，有利于水蛭的生长。

二、洼地的改造

并不是所有的洼地都能适宜养殖水蛭，在生产实践中，我们认为一定要选择交通方便，水源充沛，水质无污染，便于排灌，沉水植物较多，底栖生物及小鱼虾饵料资源丰富，有堤或便于筑堤，能避洪涝和干旱之害的地方，在选择好后，就要对洼地进行适当的改造，使之更加适合水蛭的养殖和增殖。

一是选好地址，将要养水蛭的洼地选择好，在四周挖沟围堤,沟宽 3~5 米,深 0.4~0.6 米。

二是基础建设,在选择好的面积较大的洼地可以开挖"井"、"田"形小沟,沟宽 1~1.2 米,深 0.3~0.5 米。

三是对洼地里没有水草的地方,可以考虑栽种一些聚藻、苦草等沉水植物。

四是要建好进排水系统和防逃设施。

三、清除敌害

在野外,水蛭的敌害还是比较多的,最常见的就是水老鼠、水蛇和水蜈蚣等。在幼蛭刚放入时,由于它们的抵抗力很弱,极易受害,要及时清除敌害。可在水蛭苗种放养前 15 天,选择风平浪静的天气,采用电捕、地笼和网捕除野。用几台功率较大电捕鱼器并排前行,来回几次,清捕野杂鱼及肉食性鱼类。药物清塘一般采用漂白粉,每亩用量 7.5 千克,沿荡区中心泼洒。对鼠类可在专门的粘贴板上放诱饵,诱粘住它们,继而捕获。

四、水蛭放养

蛭的放养以亲蛭为主,每亩放养 2500 尾左右,在放养后的一年里不要捕捞,第二年再开始捕捞。

如果是放养幼蛭,2 月龄以下的,每亩可以放养 10000 尾,如果是 2~4 月龄的,放养密度可以稀一点,每亩放养 6000 尾;如果是放养 4 月龄以上的,则放养密度还要稀一点,以每亩 5000 尾就可以了。

五、补充饵料

在水蛭放养后,要及时进行观察,当发现水蛭增殖较快时,就要适当补充饵料了。可定期投放一些猪血或屠宰

164

下脚料，同时向洼地里补充一些田螺和河蚌。

六、捕捞

从放养后的第三个月开始，定期对水蛭进行生长监控，当发现水蛭达到上市规格时，这时可以用诱捕的方法来进行捕捉，在捕捞时要注意捕大留小，以后每年只是收获，无需放种。

>>>

第九节　河道养殖水蛭

一、河道养殖水蛭的条件

河道一般曲折多湾，呈长条形，与陆地接触面相对较大，流进的有机质也多，水质较肥，有利于提高水蛭的养殖产量，也是用于养殖水蛭的一种重要补充方式。要满足水蛭的生态条件，河道应具备以下几个条件。

1. 水质要好

养殖水蛭的河道，应避开工矿企业的排污处，特别是要避开对水蛭有毒害作用的污染源。

2. 条件要好

河道两旁的堤坝要牢固，不受洪水和干旱等灾害的影响，要做到涝能排水、旱能保水的要求。

3. 浅水区

河道的浅水区要多，浅水区的水草以及水生生物要丰富，并能较方便地利用，这就可以有效地解决部分饵料问题。如果河道的地势略带倾斜就更好了，这样可以创造深浅结合、水温各异的水环境，充分利用光能升温，增加有效生长水温的时数与日数，同时也便于水蛭的栖息与觅食。

4. 无用水矛盾

要了解周围农田灌溉、储水、泄洪等情况，解决好养殖用水和水利方面的矛盾。

5. 其他

河道中养殖段不能经常有船通过，因此不能是在主航道附近养殖水蛭，同时不能有挖沙船和吸螺船在这里作业，因为嘈杂的声音对水蛭的生长发育极为不利。

二、做好清理消毒工作

河道不可能像池塘那样方便抽干水后再行消毒，一般是尽可能地先将水位降低后，再用电捕工具将沟渠内的野杂鱼、蛇、水蜈蚣等生物敌害电死并捞走，最后用漂白粉按每亩 10 千克（以水深 1 米计算）的量进行消毒。

三、栽种水草

沿河道坡底滩角及沟底种植一定数量的水草，最好选用苦草、伊乐藻、空心菜、水花生、水葫芦、菱角、茭白等，种草面积掌握在 1/3 左右。水草既可作为水蛭的直接食物，又能作为它们的间接饵料，在白天或夏季高温季节也为它们提供栖息和隐蔽环境，可防止水蛭的逃逸，同时还具有净化水质、增加溶氧、消浪护坡、防止沟埂坍塌的作用。

四、投放螺蛳

在河道里按每亩投放 50 千克左右的量来投放螺蛳，一方面可改善河道水质，又可作为水蛭的天然饵料。

五、水蛭的放养

在拦截的河道中放养少量水蛭苗种，不投喂饵料，完全依靠水体中天然生物饵料来供水蛭捕食的养殖方式，这种养殖方式以前经常被采用，就是所谓的粗放养殖。现在经常被采用的主要是半精养的养殖方式，就是说养殖水蛭还未达到精养的水平但是比粗养又进了一步的养殖方式，就是建筑较牢固的防逃设施后，投放一定的水蛭苗种，除依靠水域中天然生物饵料外，还需投喂一些饵料。

放养的种类和数量应依据水质的肥瘦情况和养殖方式而确定，一般地说，粗放养殖时每亩宜放养幼蛭 8000 尾，半粗养时，每亩可放养幼蛭 13000 条。

放养时，用塑料盆作为载体，先往盆里慢慢添加少量河水，然后加入适量的食盐，使浓度达 5％左右，先把塑料盆放在河道的浅水区，再把水蛭放到盆里洗浴一下，这时可用手轻轻地盆里搅拌一下，有一些水蛭可以直接爬到河道里，剩下的在三分钟后再沿河边缓缓放入浅水区。

六、河道养殖管理

在水蛭苗种放养之后，河道养殖的饲养管理工作就要紧紧跟上，主要内容有投饵和防逃。

投饵应按不同季节合理搭配天然饵料和商品饵料，投喂时应将饵料投在食台、食场，各种饲料要新鲜，直接饵料和间接饵料都要兼顾，饵料的营养要丰富，各种营养物质的含量要满足水蛭的需要。

防逃是河道养殖水蛭的重要关键技术之一，一是要加强河流进出水口的管理，防止水蛭顶水外逃；二是要尽量避免人为干扰或破坏活动，防止进出水口不必要的人为水蛭逃跑事件；三是平时要定期检查防逃设备，发现破损要及时修补；四是在汛期要日夜巡查，防止水位过高，同时要及时清除残饵。

>>>

第十节 水蛭与经济水生作物的混养

我国华东、华南、西南地区的莲藕田、茭白田、慈姑田星罗棋布，这些田块大多靠近湖泊、河道、沟渠，有的就是鱼塘改造而来的，水源充足，土质大多为黏壤土，有机质丰富、水质肥沃，水生植物、饵料生物丰盛，溶氧高，适合水蛭的生长。根据试验表明，水蛭与莲藕、茭实、空心菜、马蹄、慈姑、水芹、茭白、菱角等水生经济植物都可以进行科学混养，可以充分利用池塘中的水体、空间、肥力、溶氧、光照、热能和生物资源等自然条件，将种植业与养殖业结合在一起，可达到经济植物与水蛭双丰收的目的，是将种植业与养殖业相结合、立体开发利用的又一种好形式。

一、莲藕池中混养水蛭

莲藕性喜向阳温暖环境，喜肥、喜水，适当温度亦能促进生长，在池塘中种植莲藕可以改良池塘底质和水质，为水蛭提供良好的生态环境，有利于水蛭健康生长。另外莲藕池尤其是浅水藕池的水位不是太高，非常适合水蛭的需水要求，因此可以在莲藕池中混养水蛭。

藕池中混养水蛭，就是先在池内种植藕，等藕生长到一定程度后，再加深水位，放养水蛭，综合经营。其中藕可吸收池中大量的营养成分，调节水质，使池水变得清新，有利于水蛭的生长。在炎热的夏季，荷叶可以为水蛭蔽阳，防止水温过高，为水蛭提供良好的生长繁殖条件。而水蛭又可捕食池中的一些昆虫的动体，使藕病虫害减少，对藕生长有利。因而可互利互补，提高产量，增加收益。且技术方法简单易行，操作方便，易于管理，经济效益较为明显，是一条良好的致富途径。

1. 藕塘的准备

莲藕池养殖水蛭，池塘要求选择通风向阳，光照好，池底平坦，水深适宜，水源充足，水质良好，排灌方便，水的 pH 值 6.5～8.5，溶氧不低于 4 毫克/升，没有工业废水污染，注排水方便，土层较厚，保水保肥性强，洪水不淹没，干旱时不缺水。面积 3～5 亩，平均水深 1.2 米，东西向为好。

2. 土方工程建设

养殖水蛭的藕塘，在使用前要先做一下基本改造，就是加高、加宽、加固池埂，埂一般比藕塘平面高出 0.5～1 米，埂面宽 1～2 米，敲打结实，堵塞漏洞，以防止水蛭逃走和提高蓄水能力。

在藕塘两边的对角设置进出水口，进水口比塘面略高，出水口比四周围沟略低。进出水口要安装密眼铁丝网，以防水蛭逃走和敌害生物进入。

藕田也要开挖围沟，目的是在高温、藕池浅灌、追肥时为水蛭提供藏身之地及投喂和观察其吃食、活动情况。沿藕塘四周开挖围沟，围沟距田埂内侧 1.5 米左右，沟宽 1.5 米，深 0.8 米。

3. 防逃设施

防逃设施也比较简单，和前面的防逃措施是一样的。

4. 施肥

种藕前 15～20 天，土方工程完成后先翻耕晒塘，每亩撒施腐熟发酵的家畜粪便如鸡粪等及化肥作为基肥。施肥量比一般藕池要少，不可过多。一般施有机肥 300～500 千克，耕翻耙平，尿素 7～15 千克，过磷酸钙 20～35 千克，然后每亩用 80～100 千克生石灰消毒。

5. 选择优良种藕

种藕应选择少花无蓬、性状优良的品种，如慢藕、湖藕、鄂莲二号、鄂莲四号、海南洲、武莲二号、莲香一号、白莲藕等。种藕一般是临近栽植才挖起，需要选择具有本品种的特性，最好是有 3～4 节以上，子藕、孙藕齐全的全藕，要求顶芽完整、种藕粗壮、芽旺，无病虫害，无损伤，2 节以上或整节藕均可。若使用前两节作藕种，后把节必须保留完整，以防进水腐烂。

6. 种藕时间

种藕时间一般在清明至谷雨前后栽种为宜，一定要在种藕顶芽萌动前栽种完毕。

7. 排藕技术

莲藕下塘时宜采取随挖、随选、随栽的方法，也可实行催芽后栽植，如当天栽植不完，应洒水覆盖保湿，防止叶芽干枯。藕的栽种密度比一般藕池要稀些，行距为 2 米×2.5 米，穴距 1.5～2 米，亩栽 130 穴左右，每穴排藕或子藕 2 枝，每亩需种藕 60～150 千克。

栽植时分平栽和斜栽。深度以种藕不浮漂和不动摇为度。先按一定距离挖一斜行浅沟，将种藕藕头向下，倾斜埋入泥中或直接将种藕斜插入泥中，藕头入土的深度 10～12 厘米，后把入泥 5 厘米。斜插时，把藕节翘起 20～30 度，以利吸收阳光，提高地温，提早发芽，要确保荷叶覆盖面积约占全池 50%，不可过密。

另外在栽植时，原则上藕田四周边行，藕头一律朝向田内，目的是防止藕鞭生长时伸出田外。相临两行的种藕位置应相互错开，藕头相互对应，以便将来藕鞭和叶片在田间均匀分布，以利高产。

在种藕的挖取、运输、种植时要仔细，防止损伤，特别要注意保护顶芽和须根。

8. 藕池水位调节

在藕蛭混作中，应以藕为主，以水蛭为辅。因此，水位的调节应服从于藕的生长需要。最好是水蛭和莲藕兼顾。莲藕适宜的生长温度是 21～25℃。因此，藕池的管理，主要通过放水深浅来调节温度。排藕 10 余天到萌芽期，藕处于萌芽阶段，为提高池温，水要浅，一般保持水深在 6 厘左右，随着气温不断升高，及时加注新水，在栽后 20～25 天有 1～2 张立叶时，即可加深水位到 20 厘米，以后随着分枝和立叶的旺盛生长，水深逐渐加深到 50 厘米，合理调节水深以利于藕的正常光合作用和生长。7～9月，每 15 天换水 10 厘米，换水可采用边排边灌的方法，秋分后气温下降，叶逐渐枯死，这时应放浅水位，水位控制在 25 厘米左右，以提高地温，促进地下茎充实长圆。采收前一个月，水深再次降低到 6 厘米，水过深要及时排除。

9. 水蛭放养

和池塘养殖水蛭的放养方法是一样的，只是放养量是池塘的一半就可以了。

10. 水蛭投喂

在水蛭苗种下塘后第三天开始投喂。可选择围沟作投饵点，每天投喂 2 次，分别为上午 7～8 时、下午 4～5时，具体投喂数量根据天气、水质、水蛭吃食和活动情况灵活掌握。水蛭饵料的准备和投喂技巧和前文是一样的。

11. 巡视藕池

对藕池进行巡视是藕蛭生产过程中的基本工作之一，只有经过巡池才能及时发现问题，并根据具体情况及时采取相应措施，故每天必须坚持早、中、晚3次巡池。

巡池的主要内容：检查田埂有无洞穴或塌陷，一旦发现应及时堵塞或修整；检查水位，始终保持适当的水位；在投喂时注意观察水蛭的吃食情况，相应增加或减少投量；饲养过程中要经常保持水质清新不被污染，尤其是7、8月份气温高时要注意换水；池内可适当投放一些萍类或水草植物，可为水蛭提供活动和栖息场所，平时要防止杂物落入池中，如有杂物立即捞出，防止水质污染；水温宜在15～30℃之间，低于10℃或高于30℃均不利于水蛭生长，温度低则水蛭停止摄食；防治疾病，经常检查藕的叶片、叶柄是否正常，结合投喂、施肥观察水蛭的活动情况，及早发现疾病，对症下药；同时要加强防毒、防盗的管理，也要保证环境安静。

12. 适时追肥

莲藕的生长是需要肥力的，因此适时追肥是必不可少的，第1次追肥可在藕下种后30～40天第2、第3片立叶出现、正进入旺盛生长期时进行，每亩施发酵的鸡粪或猪粪肥150千克。第2次追肥在小暑前后，这时田藕基本封行，如长势不旺，隔7～10天可酌情再追肥1次。如果长势挺好，就不需要再追肥了，施肥应选晴朗无风的天气，不可在烈日的中午进行，每次施肥前应放浅田水，同时用猪血块放在围沟里吸引水蛭慢慢地到围沟里躲避，在肥料施好后，再将水位灌至原来的程度。施肥时也可采取半边先施、半边后施的方法进行。

172

13. 水蛭的收获

水蛭在生长过程中，要经常进行长势监测，当水蛭长到上市要求时，就立即进行诱捕。水蛭的捕捞收获在前文已经有详述，这里不再赘述。捕捞时，选个体大、身体健壮的留种，每亩留种15～20千克，集中投入育种池内越冬。越冬时可放净池水，盖上稻草保温，或加深池水，以防止池水冻结到底，使水蛭安全越冬。对于那些藕池中没有及时收获的水蛭，一旦入冬以后，它就会钻入土中冬眠，这时可将藕池的水位加到最满，以防水蛭被冻伤。

14. 注意事项

① 在藕池的四周不可栽植大型落叶树木，以防秋季大量树叶落入池中，使池水污染，造成水蛭死亡。

② 水蛭最好不与蟾蜍、青蛙混养。因为蟾蜍、青蛙可捕食水蛭，而水蛭会伤害蟾蜍和青蛙的卵及蝌蚪，对双方均不利。

二、水蛭、莲藕、泥鳅混养

在池塘中进行水蛭、莲藕、泥鳅的科学混养法是将几种关系相互依赖的动植物连接在一起混养，巧妙地利用了生长空间来完成资源的合理利用和经济效益的增加。由于水蛭和泥鳅是冷血动物，喜欢阴凉，莲藕叶来为水蛭遮阳避光，营造了良好的生态环境，为水蛭生长打下了良好的基础。

莲藕喜阳、喜肥、喜水，在池塘中进行水蛭、莲藕、泥鳅混养时，莲藕可以改良池塘底质和水质，在炎热的夏季，荷叶可以为水蛭和泥鳅蔽阳，防止水温过高，为水蛭和泥鳅提供良好的生态环境，有利于水蛭和泥鳅健康生长。

而莲藕可吸收池中大量的营养成分，调节水质，使池水变得清新，有利于水蛭和泥鳅的生长，为水蛭和泥鳅提供良好的生长繁殖条件。而水蛭和泥鳅又可捕食池中的一些昆虫的幼体，使藕病虫害减少，对藕生长有利。因而可互利互补，提高产量，增加收益。

1. 池塘的准备

在进行水蛭、莲藕、泥鳅混养时，对池塘的要求也要更高一点，既要符合莲藕的生长要求，同时也要兼顾水蛭和泥鳅的生长需求。

池塘要求选择通风向阳、阳光充足、温暖通风、池底平坦、水深适宜、水源充足、水质良好、排灌方便的地方，水的理化性质要求 pH 值 6.5～8.5，透明度在 25 厘米左右，溶氧不低于 4 毫克/升，周边地区没有工业废水污染或城市污染源，也不受农药或有毒废水的侵害污染，土层较厚，保水保肥性强，洪水不淹没，干旱时不缺水，最好能自流自排。面积 3～5 亩，平均水深 1.2 米，东西向为好。

土质对饲养泥鳅效果影响很大，生产实践表明，在黏质土中生长的泥鳅，身体黄色，脂肪较多，骨骼软嫩，味道鲜美；在沙质土中生长的泥鳅，身体乌黑，脂肪略少，骨骼较硬，味道也差。因此，养鳅池的土质以黏土质为好，呈中性或弱酸性。

2. 土方工程建设

水蛭和泥鳅的个体都小，生长慢，都有钻泥的本能，逃跑能力都非常强，只要有小小的缝隙，它便能钻出去逃跑。如果池塘有漏洞，泥鳅和水蛭甚至能在一天之内，逃得干干净净，尤其是在有水流刺激下，更易逃跑，所以，水蛭和泥鳅在混养时与其他鱼类养殖在池塘准备上是有很大不同的。主要表现在池塘的处理上，考虑到泥鳅和水蛭特有的潜泥性能和逃跑能力，重点是做好防逃措施，同时也可以防蛇、鼠及敌害生物和野杂鱼等敌害进入养殖区。

① 池的四壁在修整好后须夯实，杜绝渗漏。加高加宽加固池埂，埂一般比藕塘平面高出 0.5～1 米，埂面宽 1～2 米，敲打结实，堵塞漏洞，以防止水蛭和泥鳅逃走和提高蓄水能力。

② 在处理池塘的底部上，挖掘机挖出池塘之后，要把池塘的底部夯得结结实实。

③ 池塘上设进水口、下开排水口，进排水口呈对角线设置，进水口比塘面略高，最好采用跌水式，池壁四周高出水面 20 厘米，避免雨水直接流入池塘；出水口与正常水位持平处都要用铁丝网或塑料网、篾闸围住，以防止泥鳅和水蛭逃逸或被洪水冲跑。排水底孔位于池塘底部，并用 PVC 管接上高出水面 30 厘米，排水时可调节 PVC 管高度任意调节水位。因为现在的 PVC 管道造价比较便宜，所以许多养殖场都考虑用 PVC 管道作为池塘的进水管道，它的一端出自蓄水池边的提水设备，另一端直接通到池塘的一边。

④ 为防止池水因暴雨等原因过满而引起漫池水蛭和泥鳅集体逃跑事件，须在排水沟一侧设一溢水口，深 5～10 厘米、宽 15～20 厘米，用网罩住。平时应及时清除网上的污物，以防堵塞。

⑤ 在生产实践中，许多养殖户还采用处理池塘边缘的方法来达到防逃的目的，就是沿着池塘的四周边缘挖出近 1 米深的沟，然后把厚实的塑料布从沟底一直铺到地面，塑料布的接口也得连接紧密，上端高出水面 20 厘米。将塑料布沿着池子的边缘铺满之后，用挖出的土将塑料布

压实，这样塑料布就和池塘连成了一体。塑料布的上端，每隔 1 米左右用木桩固定，保证塑料布不被大风刮开，可有效防止泥鳅和水蛭的逃跑和敌害生物进入。也可用水泥板、砖块或硬塑料板，或用三合土压实筑成。

⑥ 藕田也要开挖围沟，目的是在高温、藕池浅灌、追肥时为水蛭和泥鳅提供藏身之地及投喂和观察其吃食、活动情况。沿藕塘四周开挖围沟，围沟距田埂内侧 1.5 米左右，沟宽 1.5 米，深 0.8 米。

3. 防逃设施

防逃设施也比较简单，和前面的防逃措施是一样的。

4. 池塘的清理消毒

对池塘进行清理消毒是必需的，在进行水蛭、泥鳅、莲藕混养时，对池塘进行消毒的方法和前文是一样的，不再赘述。

5. 施肥

水蛭和泥鳅的食性都比较杂乱，水体中的小动物、植物、浮游微生物、底栖动物及有机碎屑都是它们的食物。但是作为幼鳅，最好的食物还是水体中的浮游生物，因此，在泥鳅养殖阶段，采取培肥水质、培养天然饵料生物的技术是养殖泥鳅的重要保证。当然通过培肥来增殖天然饵料，无论是对培养水蛭的直接饵料还是间接饵料，都是非常重要的，因此在种养殖前进行必要的施肥工作是不可少的一个步骤。

种藕前 15～20 天，土方工程完成后先翻耕晒塘，加注过滤的新水 10 厘米，每亩撒施腐熟发酵的家畜粪便如鸡粪等及化肥作为基肥。施肥量比一般藕池要少，不可过多。一般施有机肥 300～500 千克，尿素 7～15 千克，过磷酸钙 20～35 千克，用于培肥水质。

176

待水色变黄绿色，透明度 20 厘米左右时，肉眼观察时以看不见池底泥土为宜，即可投放鳅苗和幼蛭。施肥得当，水肥适中，适口饵料就很丰富，水蛭和泥鳅苗种下池以后，成活率就高，生长就快。

6. 投放水生植物

在莲藕池里混养水蛭和泥鳅，一定要种些水生植物，如套种慈姑、浮萍、水浮莲、水花生、水葫芦等水生植物，覆盖面积占池塘围沟总面积的 1/5 左右，以便增氧、降温及遮阳，避免高温阳光直射，为泥鳅提供舒适、安静的栖息场所，有利摄食生长，以利水蛭和泥鳅生活，同时，水生植物的根部还为一些底栖生物的繁殖提供场所，有的水生植物本身还具有一些效益，可以增加收入。当夏季池中杂草太多时，应予清除，池内可种养一些藻类或浮萍，既可以改善水质还可以补充水蛭和泥鳅的植物性饲料。

7. 选择优良种藕

同前文。

8. 种藕时间

种藕时间一般在清明至谷雨前后栽种为宜，一定要在种藕顶芽萌动前栽种完毕。

9. 排藕技术

同前文。

10. 藕池水位调节

同前文。

11. 水蛭放养

和池塘养殖水蛭的放养方法是一样的，只是放养量是池塘的一半就可以了。

12. 水蛭投喂

在水蛭苗种下塘后第三天开始投喂。可选择围沟作投饵点，每天投喂 2 次，分别为上午 7～8 时、下午 4～5 时，具体投喂数量根据天气、水质、水蛭吃食和活动情况灵活掌握。水蛭饵料的准备和投喂技巧和前文是一样的。

13. 泥鳅的放养

泥鳅养殖指的是从 5 厘米左右鳅种养成每尾 12 克左右的商品鳅。根据养殖生产的实践，池塘养殖泥鳅时的投放模式有两种，效果都还不错，一种是当年放养苗种当年收获成鳅，就是 4 月份前把体长 4～7 厘米的上年苗养殖到下年的 10～12 月份收获，这样既有利于泥鳅生长，提高饲料效率，当年能达到上市规格，还能减少由于囤养、运输带来的病害与死亡。第二种就是隔年下半年收获，也就是当年 9 月份将体长 3 厘米的泥鳅养到第二年的 7～8 月份收获。

根据养殖效果来看，每年 4 月份正是全国多数地区野生泥鳅上市的旺季，野生泥鳅价格便宜，是开展野生泥鳅的收购暂养的黄金季节，也是开展泥鳅苗人工繁殖的好时机。春季繁殖的泥鳅小苗一般养殖到年底就可以达到商品规格，完全可以实现当年投资当年获利的目标。而秋季繁殖的泥鳅小苗，可以在水温降低前育成条长 4～5 厘米左右的大规格冬品鳅苗，养殖到第二年的夏季就可以达到上市规格，所以在每年 4 月以后就是开展泥鳅苗养殖的最好时候。

放养泥鳅的时间、规格、密度等会直接影响到泥鳅养殖的经济效益，由于四月份至五月上旬，正值泥鳅怀卵时期，这时候捕捞、放养较大规格的泥鳅，往往都已达到性成熟，经不住囤养和运输的折腾而受伤，在放苗后的 15 天内形成性成熟泥鳅的会大批量死亡，同时部分性成熟的

178

泥鳅又不容易生长。因此我们建议放养时间最好避开泥鳅繁殖季节，可选在2～3月份或6月中旬后放苗。

如果是自己培育的苗种，就用自己的苗种，如果是从外面的苗种，则要对品种进行观察筛选，泥鳅品种以选择黄斑鳅为最好，以灰鳅次之，尽量减少青鳅苗的投放量。另外在放养时最好注意苗种供应商的泥鳅苗来源，以人工网具捕捉的为好，杜绝电捕和药捕苗的放养。

待池水转肥后即可投放鳅种，若规格为5厘米，放养量为每亩可放养1.5万尾；体长3厘米左右的鳅种，在水深30厘米的池中每亩放养1万尾左右，有流水条件及技术力量好的可适当增加。要注意的是，同一池中放养的鳅种要求规格均匀整齐，大小差距不能太大，以免大鳅吃小鳅，具体放养量要根据池塘和水质条件、饲养管理水平、计划出池规格等因素灵活掌握。鳅种放养前用3%～5%的食盐水消毒，以降低水霉病的发生，浸洗时间为5～10分钟；用1%的聚维铜碘溶液浸浴5～10分钟，杀灭其体表的病原体；也可用8～10毫克/升的漂白粉溶液进行鳅种消毒，当水温在10～15℃时浸洗时间为20～30分钟，杀灭泥鳅体表的病原菌，增加抗病能力。

14. 泥鳅的投喂

在进行水蛭、泥鳅、莲藕混养殖时，投喂饵料主要是满足泥鳅的生长所需。

泥鳅饲料可因地制宜，除人工配合料外，泥鳅还可以充分利用鲜、活动植物饵料，如蚯蚓、蝇蛆、螺肉、贝肉、野杂鱼肉、动物内脏、蚕蛹、畜禽血、鱼粉和谷类、米糠、麦麸、次粉、豆饼、豆渣、饼粕、熟甘薯、食品加工废弃物和蔬菜茎叶等。泥鳅饵料的选择和食欲还与水温有一定的关系，当水温在20℃以下时，以投喂植物性饵料为主，占 60%～70%；水温在 21～23℃ 时，动植物饵料各占 50%；当水温超过 24℃ 时，植物性饵料应减少到30%～40%。

当水温在 15℃ 时以上时泥鳅食欲逐渐增强，此时投饵量为体重的 2%，随水温升高而逐步增加，水温为 20～23℃ 时，日投喂量约为体重的 3%～5%；水温 23～26℃ 时，日投喂量约为体重的 5%～8%；在 26～30℃ 食欲特别旺盛，此时可将投饵量增加到体重的 10%～15%，促进其生长。在水温高于 30℃ 或低于 10℃ 时，应减少投饵量甚至停喂饵料。饵料应做成块状或团状的黏性饵，定点设置食台投喂，投喂时间以傍晚投饵为宜。

投喂人工配合饲料，一般每天上、下午各喂 1 次，投饵应视水质、天气、摄食情况灵活掌握，以次日凌晨不见剩食或略见剩食为度。投饵要做到定时、定点、定质、定量。

15. 水质调控

水蛭、泥鳅、莲藕混养池水质的好坏，对水蛭和泥鳅的生长发育极为重要，因此必须对池塘水质进行科学调控：

① 及时换水和施肥，要保持池塘水质"肥、活、爽"，养殖前期以加水为主，养殖中后期每 5～7 天换水一次，每次换水量在 15%～25%。当池水的透明度大于 35 厘米时，就应追肥有机粪肥，增加池塘中天然饵料生物；透明度小于 25 厘米时，应减少或停施追肥。

② 及时消毒，6～10 月每隔 2 周用二氧化氯消毒 1 次，若发现水塘水质已富营养化，还可结合使用微生态制剂，适当施一些芽孢杆菌、光合细菌等，以控制水质。光合细菌每次用量为使池水成 5～6 克/米^3 水体浓度，施用

光合细菌 5～7 天后，池水水质即可好转。

16. 适时追肥

同前文。

17. 巡视藕池

同前文。

18. 水蛭的收获

水蛭在生长过程中，要经常进行长势监测，当水蛭长到上市时，就立即进行诱捕。水蛭的捕捞收获在前文已经有详述，这里不再赘述。捕捞时，选个体大、身体健壮的留种，每亩留种 15～20 千克，集中投入育种池内越冬。越冬时可放净池水，盖上稻草保温，或加深池水，以防止池水冻结到底，使水蛭安全越冬。对于那些藕池中没有及时收获的水蛭，一旦入冬以后，它就会钻入土中冬眠，这时可将藕池的水位加到最满，以防水蛭被冻伤。

19. 泥鳅的收获

泥鳅在饲养 8～10 个月后就可以捕获，此时每尾体长达 15 厘米左右，体重达 10～15 克，已经达到商品规格。泥鳅的起捕方式很多，在混养池中用须笼捕泥鳅效果较好，一个池塘中多放几个须笼，笼内放入适量炒过的米糠，须笼放在投饵场附近或荫蔽处捕获量较高，起捕率可达 80% 以上，当大部分泥鳅捕完后可外套张网放水捕捉。

20. 注意事项

① 在藕池的四周不可栽植大型落叶树木，以防秋季大量树叶落入池中，使池水污染，造成水蛭死亡。

② 水蛭最好不与蟾蜍、青蛙混养。因为蟾蜍、青蛙可捕食水蛭，而水蛭会伤害蟾蜍和青蛙的卵及蝌蚪，对双方均不利。

三、水蛭与茭白混养

1. 池塘选择

水源充足、无污染、排污方便、保水力强、耕层深厚、肥力中上等、面积在1亩左右的池塘均可用于种植茭白混养水蛭。

2. 围沟修建

和莲藕池里混养水蛭一样，在茭白池里也要沿埂内四周开挖宽1.5～2.0米、深0.5～0.8米的环形围沟，总面积占池塘总面积的5%，在围沟内投放用轮叶黑藻、眼子菜、苦草、菹草等沉水性植物制作的草堆，塘边角还用竹子固定浮植少量漂浮性植物如水葫芦、浮萍等。开挖围沟的目的是在施用化肥、农药时，将水蛭慢慢地诱集在围沟内避害，在夏季水温较高时，水蛭也可以在围沟中避暑；方便定点在围沟中投喂饲料，也便于检查水蛭的摄食、活动及生病情况。

3. 防逃设施

防逃设施简单，和前文是一样的。

4. 施肥

每年的2～3月种茭白前施底肥，可用腐熟的猪、牛粪和绿肥1500千克/亩，钙镁磷肥20千克/亩，复合肥30千克/亩。翻入土层内，耙平耙细，肥泥整合，即可移栽茭白苗。

5. 选好茭白种苗

在9月中旬～10月初，于秋茭采收时进行选种，以浙茭2号、浙茭911、浙茭991、大苗茭、软尾茭、中介壳、一点红、象牙茭、寒头茭、梭子茭、小腊茭、中腊台、两头早为主。选择植株健壮，高度中等，茎秆扁平，纯度高的优质茭株作为留种株。

6. 适时移栽茭白

茭白用无性繁殖法种植，长江流域于4～5月间选择那些生长整齐，茭白粗壮、洁白，分蘖多的植株作种株。用根茎分蘖苗切墩移栽，母墩萌芽高33～40厘米时，茭白有3～4片真叶。将茭墩挖起，用利刃顺分蘖处劈开成数小墩，每墩带匍匐茎和健壮分蘖芽4～6个，剪去叶片，保留叶鞘长16～26厘米，减少蒸发，以利提早成活，随挖、随分、随栽。株行距按栽植时期，分墩苗数和采收次数而定，双季茭采用大小行种植，大行行距1米，小行80厘米，穴距50～65厘米，每亩1000～1200穴，每穴6～7苗。栽植方式以45度角斜插为好，深度以根茎和分蘖基部入土，而分蘖苗芽稍露水面为度，定植3～4天后检查一次，栽植过深的苗，稍提高使之浅些，栽植过浅的苗宜再压下使之深些，并做好补苗工作，确保全苗。

7. 放养水蛭

在茭白苗移栽前10天，对围沟进行消毒处理。水蛭的放养同前面在藕池中放养是一样的。

8. 科学管理

（1）水质管理　茭白池塘的水位根据茭白生长发育特性灵活掌握，萌芽前灌浅水30厘米，以提高土温，促进萌发；栽后促进成活，保持水深50～80厘米；分蘖前仍宜浅水80厘米，促进分蘖和发根；至分蘖后期，加深至100～120厘米，控制无效分蘖。7～8月高温期宜保持水深130～150厘米，并做到经常换水降温，以减少病虫危害，雨季宜注意排水，在每次追肥前后几天，需放干或保持浅水，待肥吸收入土后再恢复到原来水位。每半个月投放一次水草，沿田边环形沟多点堆放。

（2）科学投喂　同前面池塘养殖水蛭的投喂技术是一样的。

（3）科学施肥　茭白植株高大，需肥量大，应重施有机肥作基肥。基肥常用人畜粪、绿肥，追肥多用化肥，宜少量多次，可选用尿素、复合肥、钾肥等，禁用碳酸氢铵；有机肥应占总肥量的70％；基肥在茭白移植前深施；追肥应采用"重、轻、重"的原则，具体施肥可分四个步骤，在栽植后10天左右，茭株已长出新根成活，施第一次追肥，每亩施人粪尿肥500千克，称为提苗肥。第二次在分蘖初期每亩施人粪尿肥1000千克，以促进生长和分蘖，称为分蘖肥。第三次追肥在分蘖盛期，如植株长势较弱，适当追施尿素每亩5～10千克，称为调节肥；如植株长势旺盛，可免施追肥。第四次追肥在孕茭始期，每亩施腐熟粪肥1500～2000千克，称为催茭肥。

（4）茭白用药　应对症选用高效低毒、低残留、对混养的水蛭没有影响的农药。如杀虫双、叶蝉散、乐果、敌百虫、井冈霉素、多菌灵等。禁用除草剂及毒性较大的呋喃丹、杀螟松、三唑磷、毒杀酚、波尔多液、五氯酚钠等，慎用稻瘟净、马拉硫磷。粉剂农药在露水未干前使用，水剂农药在露水干后喷洒。施药后及时换注新水，严禁在中午高温时喷药。

孕茭期有大螟、二化螟、长绿飞虱，应在害虫幼龄期，每亩用50％杀螟松乳油100克加水75～100千克泼浇或用90％敌百虫和40％乐果1000倍液在剥除老叶后，逐棵用药灌心。立秋后发生蚜虫、叶蝉和蓟马，可用40％乐果乳剂1000倍、10％叶蝉散可湿性粉剂200～300克加水50～75千克喷洒，茭白锈病可用1∶800倍敌锈钠喷洒效果良好。

184

9. 茭白采收

茭白按采收季节可分为一熟茭和两熟茭。一熟茭，又称单季茭，在秋季日照变短后才能孕茭，每年只在秋季采收一次。春种的一熟茭栽培早，墩苗数多，采收期也早，一般在 8 月下旬至 9 月下旬采收。夏种的一熟茭一般在 9 月下旬开始采收，11 月下旬采收结束。茭白成熟采收标准是，随着基部老叶逐渐枯黄，心叶逐渐缩短，叶色转淡，假茎中部逐渐膨大和变扁，叶鞘被挤向左右，当假茎露出 1～2 厘米的洁白茭肉时，称为"露白"，为采收最适宜时期。夏茭孕茭时，气温较高，假茎膨大速度较快，从开始孕茭至可采收，一般需 7～10 天。秋茭孕茭时，气温较低，假茎膨大速度较慢，从开始孕茭至可采收，一般需要 14～18 天。但是不同品种孕茭至采收期所经历的时间有差异。茭白一般采取分批采收，每隔 3～4 天采收一次。每次采收都要将老叶剥掉。采收茭白后，应该用手把墩内的烂泥培上植株茎部，既可促进分蘖和生长，又可使茭白幼嫩而洁白。

10. 水蛭的收获

水蛭的收获同莲藕池中水蛭的收获。

四、水蛭与水芹混养

我们在春天水芹菜上市时，可能会发现一件事，那就是水芹菜里的水蛭特别多，这是因为水蛭在自然状态下可以和水芹菜能很好地相处，因此我们可以考虑将水蛭与水芹菜进行混养。

水芹菜既是一种蔬菜，也是水生动物的一种好饲料，它的种植时间和水蛭的养殖时间明显错开，双方能起到互相利用空间和时间的优势，在生态效益上也是互惠互利的。

水芹菜是冷水性植物，它的种植时间是在每年的8月份开始育苗，9月开始定植，也可以一步到位，直接放在池塘中种植即可，11月底开始向市场供应水芹菜，直到翌年的3月初结束，3～8月这段时间基本上是处于空闲状态，而这时正是水蛭养殖和生长的高峰期，两者结合可以将池塘全年综合利用，经济效益明显，是一种很有推广前途的种养相结合的生产模式。

1. 田地改造

水芹田的大小以3亩为宜，最好是长方形，在田块周围按稻田养殖的方式开挖环沟和中央沟，沟宽1.5米，深75厘米，开挖的泥土除了用于加固池埂外，主要是放在离沟5米左右的田地中，做成一条条的小埂，小埂宽30厘米即可，长度不限。

水源要充足，排灌要方便，进排水要分开，进排水口可用60目的网布扎好，以防水蛭从水口逃逸以及外源性敌害生物侵入，田内除了小埂外，其他部位要平整，方便水芹菜的种植，溶氧要保持在5毫克/升。

为了防止水蛭在下雨天或因其他原因逃逸，防逃设施是必不可少的，在前文已经有阐述。

2. 放养前的准备工作

（1）清池消毒　和前面一样的方法与剂量。

（2）水草种植　在有水芹的区域里不需要种植水草，但是在环沟里还是需要种植水草的，这些水草对于水蛭度过盛夏高温季节是非常有帮助的。水草品种优选轮叶黑藻、马来眼子菜和光叶眼子菜，其次可选择苦草和伊乐藻，也可用水花生和空心菜，水草种植面积宜占整个环沟面积的20%左右。另外进入夏季后，如果池塘中心的水芹

186

还存在或有较明显的根茎存在时，就不需要补充草源，如果水芹已经全部取完，必须在4月前及时移栽水草，确保水蛭的养殖成功。

（3）放肥培水　在水蛭放养前1周左右，亩施用经腐熟的有机肥200千克，用来培育浮游生物。

3. 水蛭苗种的放养

在水芹菜田里轮作水蛭时，放养水蛭的方法同前文。

4. 饲养管理

（1）水质调控

① 池水调节：在水蛭入池后，不要轻易改变水位，一切按水芹菜的管理方式进行调节。在4～5月水位控制在50厘米左右，透明度在20厘米就可以了，6月以后要经常换水或冲水，防止水质老化或恶化，保持透明度在30厘米左右，pH值在6.8～8.0。

② 注冲新水：为了促进水蛭的快速生长和保持水质清新，提高水体中的溶解氧，对混养塘进行定期注冲新水是一个非常好的举措，也是必不可少的技术方法。从4月开始直到5月底，每10天注冲水一次，每次5～8厘米，6～8月中旬每7天注冲水一次，每次10厘米。

（2）饲料投喂　在水蛭养殖期间，水蛭除了能吸食利用春季留下未售的水芹菜叶、菜茎、菜根和部分水草外，还是要投喂饲料的，具体的投喂种类和投喂方法与前面介绍的一样。

5. 病害防治

主要是预防敌害，包括水蛇、水老鼠等。其次是发现疾病或水质恶化时，要及时处理。

6. 捕捞

水蛭的捕捞方法同前文是一样的。

7. 水芹菜种植

（1）适时整地　在 8 月中旬时，将大部分水蛭基本起捕完毕，或者是将水位降低到围沟水平线下，再用猪血块将水蛭吸引到围沟内，这时用旋耕机在池塘中央进行旋耕，周边的围沟不要去惊扰，保持底部平整即可。

（2）适量施肥　亩施入腐熟的粪肥 1000 千克，为水芹菜的生长提供充足的肥源。

（3）水芹菜的催芽　一般在 7 月底就可以进行了，为了不影响水蛭的生长，可以放在另外的地方催芽，催芽温度要在 27～28℃ 开始。

（4）排种　经过 15 天左右的催芽处理，芽已经长到 2 厘米时就可以排种了，排种时间在 8 月下旬为宜。为了防止刚入水的小嫩芽被太阳晒死，建议排种的具体时间应选择在阴天或晴天的 16 时以后进行。排种时将母茎基部朝外，芽头朝上，间隔 5 厘米排一束，然后轻轻地用泥巴压住茎部。

（5）水位管理　在排种初期的水位管理尤为重要，这是因为一方面此时气温和水温挺高，可能对小嫩芽造成灼伤，另一方面，为了促进嫩芽尽快生根，池底基本上是不需要水的，所以此时一定要加强管理，在可能的情况下保证水位在 5～10 厘米，待生根后，可慢慢加水至 50～60 厘米。到初冬后，要及时加水位至 1.2 米。

（6）肥料管理　在水位渐渐上升到 40 厘米后，可以适时追肥，一般亩施腐熟粪肥 200 千克，也可以施农用复合肥 10 千克，以后做到看苗情施肥，每次施尿素 3～5 千克/亩。

（7）定苗除草　当水芹菜长到株高 10 厘米时，根据实际情况要及时定苗、匀苗、补苗或间苗，定苗密度为株距 5 厘米比较合适。

（8）病害防治　水芹菜的病害要比水蛭的病害严重得多，主要有斑枯病、飞虱、蚜虫及各种飞蛾等，可根据不同的情况采用不同的措施来防治病虫害。例如对于蚜虫，可以在短时间内将池塘的水位提升上来，使植株顶部全部淹没在水中，然后用长长的竹竿将漂浮在水面的蚜虫及杂草驱出排水口。

（9）及时采收　水芹菜的采收很简单，就是通过人工在水中将水芹菜连根拔起，然后清除污泥，剔除根须和黄叶及老叶，整理好后，捆扎上市。要强调的是，在离环形沟的 50 厘米处的水芹菜带不要收割，作为养殖水蛭的防护草墙，也可作为来年水蛭的栖息场所和食料补充，如果有可能的话，在塘中间的水芹菜也可以适当留一些，不要全部弄光，那些水芹菜的根须最好留在池内。

第八章 水蛭的病虫害防治

第一节 水蛭的发病原因及防病的基本措施

　　水蛭的生存能力与抗病能力相当强，只要按照科学的饲养管理方法去操作，在饲养期间极少发生病害，但如果养殖管理不当，也会造成水蛭疾病的发生，从而对水蛭的养殖生产造成损失。

　　水蛭生病就是由各种致病因素或单一或共同作用于水蛭的机体，从而导致了水蛭正常的生命活动出现异常的现象，在行为上和自身能力上就会表现出一定的症状，例如出现对外界环境变化的适应能力降低、行动缓慢、食欲不佳甚至拒食、死亡等一系列的症状。

　　值得注意的是，水蛭疾病的发生不是孤立的，它是由于外界环境中各种致病因素的共同作用和水蛭自身机体反应特性这两方面在一定条件下相互作用的结果，在诊治和判断水蛭疾病时，要对两者加以认真分析，不可轻易地以某一点而草率鉴定病原、病因。

一、水蛭发病的主要原因

1. 致病生物对水蛭的侵袭

　　一些水蛭的疾病是由于致病的生物传染或侵袭到蛭体上而引起的，这些致病生物称为病原体。能引起水蛭生病的病原体主要包括真菌、病毒、细菌、霉菌、藻类、原生动物以及蠕虫和甲壳动物等，这些病原体是影响水蛭健康的罪魁祸首。例如水蛭发生的白点病就是由小瓜虫寄生在水蛭体表上而发生的。

另外一些动物类敌害生物如老鼠、水蛇也会捕杀水蛭，有时也能将一些疾病直接传染给水蛭，有时会将水蛭咬伤，而这些伤口也是其他病原菌入侵蛭体的通道，会引起水蛭的继发性疾病。

2. 温度不稳定

水蛭是冷血动物，体温随外界环境尤其是水体的水温变化而发生改变，所以说对水蛭的生活有直接影响的主要是温度。当气温过低或昼夜温差较大，或者是当水温发生急剧变化，如水温突然上升或下降时，水蛭的机体和体温由于适应能力不强，不能正常随之变化，就会发生病理反应，导致抵抗力降低而患病。例如在寒冷时未及时采取保护措施，引起水蛭因受冻而发病或死亡，炎热时未采取降温防暑措施，导致水温过高，造成水蛭食欲减退，甚至死亡。在水蛭亲本进入温棚进行保种越冬时，进温室前后的水的温差不能相差过大，如果相差2～3℃，就会因温差过大而导致水蛭"感冒"，甚至大批死亡。

3. 水质不好

水蛭生活在水环境中，水质的好坏直接关系到水蛭的生长，好的水环境将会使水蛭不断增强适应生活环境的能力。如果生活环境发生变化，就可能不利于水蛭的生长发育，当水蛭的机体适应能力逐渐衰退而不能适应环境时，就会失去抵御病原体侵袭的能力，导致疾病的发生。例如在水蛭生长旺盛时期，如果不及时换水，池水就会腐败，严重时发黑发臭，有害病菌大量繁殖，极可能引发各种传染性疾病。

4. 水蛭自身的体质弱

水蛭自身体质的好坏也是抵御外来病原菌的重要因素，一尾自身健康的水蛭能有效地预防部分水蛭疾病的发生。水蛭对外界疾病的反应能力及抵抗能力随年龄、身体健康状况、营养、大小等的改变而有不同。例如当水蛭的身体一旦不小心受伤，又没有对伤口进行及时消炎处理时，病原体就会乘虚而入，导致各类疾病的发生。

5. 密度过大

水蛭放养密度不当和混养比例不合理，都会导致疾病的发生。水蛭的养殖密度，一般和外界温度有关，温度低时，密度可适当增大些，温度高时，密度可适当小些，如果放养密度过高，必然造成水蛭活动空间相对减小，水体溶解氧减少，再加上饵料不足或分配不均，排泄物过多，有可能发生互相残杀，或引起疾病的发生和蔓延。另外在集约式养殖条件下，高密度放养已造成水质二次污染、病原传播，加上饲养管理不当等，都为病害的扩大和蔓延创造了有利条件。

6. 营养不良

造成营养不良的原因：一是养殖密度过大，饵料分配不均，使弱者更弱，而逐渐消瘦体质下降，感染疾病或死亡；二是饵料营养配比不合理，投喂不当、或饥或饱及长期投喂单一饲料、饲料营养成分不足、缺乏动物性饵料和合理的蛋白质、维生素、微量元素等，这样导致水蛭摄食不正常，就会缺乏营养，造成体质衰弱，就容易感染患病；三是投饵不遵循"四定"和"三看"原则，水蛭时饥时饱，有时吃了不清洁或腐败变质的食物，也会造成发病或死亡。

192

二、判断水蛭生病的技巧

我们发现有许多养殖户在平时不注意观察水蛭的各种表现，一旦水蛭生病了就急忙求医问药，这时已经晚了，我们认为如果等到水蛭疾病症状出现时再治疗往往已经太晚而且难以治愈，不让水蛭患病的秘诀只有早发现、早治疗。水蛭在生病初期，会表现出一系列的反应，因此，平日应多注意观察养殖池的状况或水蛭的行动、体色及其他部位的异常症状，就可以判断是何种疾病，如此则大部分的疾病都可以治疗，因为大部分疾病在其早期都会表现出一些异常状态。

① 水蛭行为的异常表现，由于水蛭对外界的声响非常敏感，一旦受惊就会潜入水中，如果我们走近池边时，发现水蛭无动于衷，仍然贴在池壁，一动不动，那就是患病的前兆。

② 健康的水蛭都喜欢成群集体游动，一旦发现水蛭有食欲减退、单独粘贴在池壁、反应迟钝的现象，可能已经生病了。

③ 体色的异常表现，每个水蛭品种都有它自身的体色，所有的体色都很鲜亮，有光泽，如果发现水蛭的体色变得暗淡而无光泽时，可能就是生病的前兆。

三、水蛭防病的措施

由于水蛭的个体较小，抵抗外界侵袭的能力较弱，对疾病传染比较敏感，所以对它的疾病预防显得很重要。

对水蛭疾病的预防和治疗应遵循"预防为主，治疗为辅"的原则，按照"无病先防、有病早治、防治兼施、防重于治"的原理，加强管理，防患于未然，才能防止或减少水蛭因死亡而造成的损失。

1. 改善养殖环境，消除病原体滋生的温床

池塘是水蛭栖息生活的场所，同时也是各种病原生物潜藏和繁殖的地方，所以池塘的环境、底质、水质等都会给病原体的孳生及蔓延造成重要影响。因此我们要积极改善养殖环境，做好对池塘的清淤、修整、消毒工作，消除病原体孳生的温床。

2. 合理使用微生物制剂

这些微生物制剂包括光合细菌、芽孢杆菌、硝化细菌、EM 菌、酵母菌、放线菌、蛭弧菌等多种，它们对消除氨氮、硫化氢和有机酸等有害物质，改善水体，稳定水质，保证水体溶氧，营造良好的底质环境有着重要的作用，是预防疾病的重要措施之一。

3. 严格落实水蛭检疫制度

在水蛭苗种进行交流运输时，客观上使水蛭携带病原体到处传播，在新的地区遇到新的寄主就会造成新的疾病流行，因此一定要做好水蛭的检验检疫措施，将部分疾病拒之门外，从根本上切断传染源，这是预防水蛭疾病的根本手段之一。因此在引进水蛭苗种时，应将水蛭单独饲养并送交有关技术检疫或检验部门进行检疫，确认健康时才能进行规模化养殖，另外在养殖期间也要定期进行检疫，确保生产出合格的商品水蛭。

4. 选育优良品种

水蛭对疾病抵抗力的强弱，是疾病能否发生及发生轻重的决定因素之一。我们在水蛭的养殖过程中，常可见到一些发病的池塘里，大多数养殖个体或种类不同患病死亡，而存活下来的个体，生长得很健康，没有感染上疾病，或感染极其轻微，而后又恢复健康。这些现象表明，

194

水蛭的抗病能力随个体或种类不同而有很大差异。因此，有目的、有计划地注意观察水蛭的健康状态，利用个体和种类的差异，从中挑选和培育出抗病性较强的品种，同时注意淘汰发育慢、抗病能力弱的水蛭，使之逐渐纯化，以达到选育良种的目的。

5. 培育和放养健壮苗种

放养健壮和不带病原的水蛭苗种是养殖生产成功的基础，培育的技巧包括几点：一是亲本无毒；二是亲本在进入产卵池前进行严格的消毒，以杀灭可能携带的病原；三是孵化工具要消毒；四是待孵化的卵茧要消毒；五是育苗用水要洁净；六是尽可能不用或少用抗生素；七是培育期间饵料要好，不能投喂变质腐败的饵料。

6. 加强饲养管理

要使水蛭正常生活，健康成长，必须加强水蛭的日常饲养管理，创造适合于水蛭生活的良好条件，提高水蛭对病害的抵抗力，这是防治水蛭疾病的根本措施。

① 水蛭的场地要选择资源条件好，包括食物资源、水资源，同时还要考虑到向阳、保暖、防暑降温等条件。

② 要认真观察，发现生病个体，要及时隔离，以防疾病传染、蔓延。

③ 水蛭的饵料要清洁卫生，营养丰富，这是保证水蛭健康生长繁殖、增强抗病能力、预防疫病传染的一个基本环节。不用带有病原物或情况不明的食物作饵料，防止传播疾病。

④ 及时调节水质，保持透明度适中，水质清新不肥不瘦。

⑤ 捕捞水蛭时尽量避免碰伤。

第二节　水蛭常见疾病与防治

在自然界中，水蛭的生命力是非常强盛的，一般不易生病，但是在人工养殖下尤其是集约化的养殖条件下，如果管理不善，导致水质太差，也可能造成水蛭罹患疾病。一旦发现水蛭生病后，就要立即进行科学诊断，然后对症下药，积极治疗。对于一些不易治好的水蛭应及时加工成药材，减少损失。

一、白点病

[病因]　白点病也叫小瓜虫病、溃疡病、霉病。由原生动物多子小瓜虫侵入水蛭体所致，大多是被捕食性水生昆虫或其他天敌咬伤后感染细菌所引起的继发性疾病。

[症状]　患病水蛭体表有大量小瓜虫密集寄生时形成白点状囊泡和小白斑块，体表黏液增多，体色暗淡无光，运动不灵活，游动时身体不平衡，厌食等。

[流行特点]　① 水蛭在生长季节都可感染。

② 水温 15～20℃最适宜小瓜虫繁殖，水温上升到28℃或下降到10℃以下，促使产生在水蛭身体表面的孢子快速成熟，加速其生长速度，使他们自水蛭体表面脱落后，不再流行。

[危害情况]　① 是水蛭的常见病、多发病。

② 传染速度很快。

③ 从水蛭幼苗到商品水蛭都会患病，严重时可造成死亡。

［防治方法］　① 提高水温至28℃以上，再用0.2%食盐水全池泼浇，三天后及时更换新水，保持水温。

② 加强饲养管理，增强水蛭的免疫力。

③ 对已发过病的水泥池、池塘先要洗刷干净，再用5%食盐水浸泡1～2天，以杀灭小瓜虫及其孢囊，并用清水冲洗后再放养水蛭。

④ 用0.01毫克/升的甲苯达唑浸洗2小时，6天后重复一次，浸洗后在清水中饲养1小时。

⑤ 用福尔马林2毫克/升浸洗水蛭，水温15℃以下时浸洗2小时；水温15℃以上时，浸洗1.5～2小时，浸洗后在清水中饲养1～2小时，使死掉的虫体和黏液脱落。

二、感冒和冻伤

［病因］　水温骤变，温差达到3℃以上，水蛭突然遭到不能忍受的刺激而发病。

［症状特征］　水蛭停于水底不动，皮肤失去原有光泽，颜色暗淡，体表出现一层灰白色的翳状物，患病水蛭没精神，食欲下降，逐渐瘦弱以致死亡。

［流行特点］　① 在春秋季温度多变时易发病。

② 夏季雨后易发病。

［防治方法］　① 幼水蛭易发病。

② 当水温温差较大时，几小时至几天内水蛭就会死亡。

［预防措施］　① 防止换水时及冬季注意温度的变化，防止温度的变化过大，可有效预防此病，一般新水和老水之间的温度差应控制在2℃以内，每次只能换去池水的1/3，换水时宜少量多次地逐步加入。

② 对需要保种越冬的水蛭应该在冬季到来之前移入

温室内或采取加温饲养。

③ 在室外越冬时要注意保暖，以免冻伤。

④ 适当提高温度，用小苏打或 1％的食盐溶液浸泡患病水蛭，可以渐渐恢复健康。

三、肠胃炎

［病因］ 水蛭由于吃了腐败变质的死臭螺蛳或难于消化的食物而起，有时饲料营养不全面或长期投喂不新鲜的饵料也能导致肠胃炎的发生。

［症状］ 患病水蛭食欲不振，体色暗淡，懒于活动，肛门红肿，经检查无寄生虫和细菌病。

［流行特点］ ① 一年四季均可发生。

② 饲料中缺乏维生素而造成的体表组织损伤，继发细菌感染导致溃疡。

［危害情况］ ① 可以危害所有的水蛭。

② 情况严重时可导致水蛭死亡。

［防治方法］ ① 将不健康水蛭捞起隔离，然后用 0.4％抗生素（如青霉素、链霉素等）加入到粉碎的饲料中混匀，投喂后可收到一定的效果。

② 要投喂新鲜螺蛳，严禁投喂腐败变质饵料或新鲜度差的饵料，遵循喂养"四定"和"三看"的原则，吃剩残饵及时清除。

四、干枯病

［病因］ 由于养殖池的外界温度太高，或者是池边四周岸边环境湿度太小而引起的。

［症状］ 患病水蛭食欲不振，活动减少，身体渐渐消瘦，捉在手里是软绵绵的感觉，没有收缩和挣扎的力气，

同时可见身体干瘪，失水萎缩，全身发黑。

　　[流行特点]　在夏季高温时易发病。

　　[危害情况]　① 所有的水蛭都能受到伤害。

② 严重时水蛭会死亡。

　　[防治方法]　① 提高水位，将患病水蛭捞起隔离。

② 将患病水蛭放在食盐水中浸洗 5～10 分钟，每日 1～2 次，同时用酵母片或土霉素拌在粉碎的螺蛳里进行投喂，同时增加含钙物质，提高抗病能力。

③ 在池周搭建遮阳棚，多摆放些竹片、水泥板，下面留有空隙，经常洒水，以达到降温增湿的效果。

④ 可用土霉素片碾碎用水稀释，傍晚拌匀撒入水中，每平方米水面用 1 片，连用 3～5 天即可。

>>>

第三节　水蛭天敌的防除

　　水蛭的天敌有鹅、鸭、老鼠、蛇、蚂蚁、水蜈蚣等动物。

一、老鼠

　　鼠类大部分体小，生活周期短，生长快，繁殖力强，活动频繁，消耗能量大。一般来说，鼠类日进食量可以达到自身体重的 10%～30%，且种群数量较大。而且水蛭养殖场的生态环境比较稳定，适宜害鼠的栖息、繁殖和生存。老鼠是水蛭的主要天敌，常会大量吞食水蛭，尤其是水蛭在岸边活动或繁殖时，因失去了防御能力而被老鼠吞食。

对于老鼠的防治方法，可以采取以下几种方法：

① 对养殖池的消毒一定要做好，最好是带水消毒，确保所有的洞穴都能灌上药水，这样就可有效地杀死洞中的老鼠。

② 密封养殖池，加固四周防逃设施，防止老鼠入内。

③ 主动在池塘四周下捕鼠夹、捕鼠笼、捕鼠箭、电子捕鼠器、超声波灭鼠器等，安装电动捕鼠器，它们具有构造简单、制作和使用方便、对人畜安全、不污染环境等特点。可根据鼠害发生的情况，在老鼠经常出没的地方按照一定的密度安置机械灭鼠器，进行人工捕杀。

④ 利用捕食性天敌动物进行灭鼠，可以养以猫，因为猫不吃水蛭。

⑤ 利用化学灭鼠剂杀灭害鼠。包括胃毒剂、熏蒸剂、驱避剂和绝育剂等，其中胃毒剂广泛使用，具有效果好、见效快、使用方便、效益高等优点。在使用时要讲究防治策略，施行科学用药，以确保人畜安全，降低环境污染。

二、蚂蚁

蚂蚁出现的原因是饵料特殊的气味引入，或原来泥土中带入。蚂蚁主要危害正在产卵的水蛭和卵茧。

对于蚂蚁的防治方法可以采取以下的措施：

① 对土壤进行消毒，可通过高温或用太阳曝晒，或用百毒杀消灭蚂蚁虫卵。

② 防逃网外周围撒施三氯杀虫酯等，来杀灭蚂蚁。

三、蛇和水蜈蚣

蛇和水蜈蚣也是水蛭的主要天敌之一，它们一方面是原来养殖池里存在的，另一方面是饵料的气味引来的。

对于蛇和水蜈蚣的防治方法，可以采取以下的措施来进行防除：

① 对养殖池的消毒一定要做好，最好是带水消毒，确保所有的洞穴都能灌上药水，这样就可有效地杀死洞中的水蛇和水蜈蚣。

② 可用棍子、渔网将池塘内的蛇清除净。

③ 加固防逃网，及时修补破损的地方，防止蛇类进入。

④ 在池塘的进水口处安装铁网、尼龙网，以免蛇卵、水蜈蚣随水进入池塘。

四、家禽

鹅、鸭等家禽也是水蛭的天敌之一，对于这些天敌的防治方法主要是做好以下几点工作：

① 不在养殖区内饲养鸡、鸭、鹅等家禽，切断危害源头。

② 做好养殖场所的围栏安全工作，尽量杜绝家禽进入养殖区的机会。

③ 发现家禽或者是在养殖场附近发现家禽，要立即驱赶。

第九章 水蛭采收、加工

>>>

第一节 水蛭的采收

一、采收时间

虽然我们在养殖过程中发现一些已经成熟或者一些患病个体不适宜养殖时，可随时采收并加工，但是就水蛭的群体来说，一年可采收两次。

第一次采收是安排在 6 月中、下旬，将已繁殖两年的种蛭捞出加工出售，因为经过两个繁殖季节的利用后，种水蛭已经没有太多的利用价值了，而且生长速度很缓慢，此时可适时进行采收，也可以收回一部分资金，用于后面的生产经营；第二次采收是在 9 月中、下旬进行，捕捞一部分当年早春放养的体形比较大的水蛭，对于那些还未长大的水蛭宜留到第二年 9 月份捕捞。

二、采收方法

1. 干池捕捞

捕捞时，先排走一部分水，然后用网捕捞一部分水蛭，再接着将池水排干，再用人工将水蛭捕捉干净，在水蛭捕完后要及时清池消毒。

2. 血液诱捕

先将干稻草扎成两头紧中间松的草把，然后将生猪血注入草把内，用量为每亩池塘 0.5 千克，横放在池塘进水口处，这时要控制水流的速度，要保证进水不宜过大，一般以水能通过草把慢慢流入池塘为宜。让水慢慢冲洗猪血成丝状漂散全池，利用血的腥味把池塘中水蛭引诱到草把中吸取尚未流出的猪血，待水蛭吃饱、身体膨大时，就很难再爬出来了。一般是在放入草把后 4～5 个小时后就可取出草把，收取水蛭了。

如果没有生猪血，也可用鸡、鸭、鹅等畜禽的血液代替，也能收到同样效果。

3. 稻草捆诱捕

将稻草扎成捆，把它浸在动物的血液中 15 分钟，取出稻草捆，在阴凉处晾干再投入池塘中，约半小时后捞出稻草捆，用生石灰撒于稻草上，水蛭就会自行脱落。

4. 刷子诱捕

将刷子连成一串，浸在动物血液里 15 分钟，然后将刷子放入水中，这项工作最好是在黄昏时进行。经过一夜的诱捕以后，次日清晨再取出刷子，抖下水蛭即可。也可用刷子裹着纱布、塑料网袋，中间放动物血或动物内脏，然后用竹竿捆扎好后，放入池塘中。一样可以诱捕到水蛭。

5. 大肠诱捕

将猪大肠截成几段，每段都套在一根木棒上，再把木棒挺插入到池塘、湖泊、水库、稻田中，间隔 10 米插一根木棍，水蛭在闻到味道后就会吸附在猪大肠上，隔一段时间就能收取了。

6. 搅水法诱捕

这种方法很方便，在水稻田、池塘、水渠等水域，不管白天黑夜都可捕捉水蛭。这是充分利用水蛭对水的波动十分敏感的特性，先要用网兜在水中搅几下，当水被搅动后水蛭就能感知相关信息，就会从泥土中、水草间游出来，此时即可乘机用网兜捕捉。

7. 竹筒收集法

把竹筒劈开两半，两端的节要除去，至少要打通，方便水蛭爬进来。再将中间涂上动物血，将竹筒复原捆好，放入水田、池塘、湖泊等处，第二天就可收集到水蛭。

8. 丝瓜络诱兵

这是农村中使用最广泛而且效果最显著的一种方法，将干丝瓜络去籽后，先放在动物血中浸泡两小时左右，让丝瓜络吸透血液，然后阴干，用竹竿扎牢放入水田、池塘、湖泊，次日收起丝瓜络，就可抖出许多水蛭。

在水蛭被捕捞后，这时要选健壮而个体较大的留种，将它们集中投放到特别准备的越冬池内越冬，或放入日光温室进行无休眠养殖。

>>>

第二节　水蛭的加工

当我们把水蛭捕获上来时，如果不能以鲜活的方式全部出售完，这时就需要以适当的方式进行简易的初加工，确保加工后的水蛭便于保存和运输，水蛭的加工方法很多，各地可根据当地的条件和自身养殖场的条件，有选择地选用不同的加工方法。

一、生晒法

简单地说，就是在太阳下将水蛭晒干。方法是用两头细尖的竹签插入水蛭的尾部，将头部翻到尾，拉出头，去净血，晒至八成干，抽出竹签，再晒干。也可以先将水蛭用清水洗净，再用铁丝或细线串起，悬吊在日光下直接曝晒至全干，晒干后便可收存待售。

二、酒闷法

简单地说，就是用酒将水蛭闷死的方法。待水蛭捕获上来后，先用清洁的水源将水蛭清洗干净，将洗好后的水蛭放入盆、罐、缸等容器中，倒入50°以上的高度白酒，白酒的量以能淹没所有的水蛭就可以了，加盖密封30分钟左右，当容器中的水蛭已经完全醉死后，捞出后用清水洗净，放在太阳下晒干或自然烘干就可以了。

三、碱烧法

先将捕获的水蛭清洗干净，把它们放入到盆、罐、缸等容器中，再食用碱粉撒入容器中，用双手将水蛭上下、左右翻动，边翻边揉搓，目的是让所有的水蛭都能接触到碱粉，在碱粉作用下，水蛭会逐渐失去水分，身体也慢慢地收缩变小，最后死亡，这时取出水蛭用清水冲洗干净，晒干就可以了。由于碱粉具有强烈的刺激性，为了保护皮肤，在使用前必须戴上长胶皮手套，另外要注意在翻动水蛭时，要注意千万不要将碱粉弄到眼睛里。

四、盐制法

将捕获的水蛭清洗干净，把它们放入到盆、罐、缸等容器中，再把食盐撒入容器中，要注意放水蛭和撒食盐的方法，是先在容器底部放一层食盐，然后放一层水蛭，接着再撒一层盐，就这样一层层地码放，直到容器装满为止，这是利用食盐的作用，让水蛭体内失去水分而死亡，然后再将盐渍死的水蛭晒干就可以出售了。由于用这种方法加工的水蛭干品中含的盐分比较高，这些盐会遇到空气中的水分而返潮，因此在保管时要注意防潮，所以用此法处理的水蛭最好能及时出售，当然它的收购价格也要低一些。

五、水烫法

水蛭的加工方法很多，但是一般多采用水烫法，这种方法简单易行，同时也能够保证水蛭的质量。尤其是养殖捕获的水蛭数量较多时，用这种方法来处理比较适宜。

将捕获的水蛭清洗干净，把它们集中放入到盆、罐、缸等容器中，把水烧开沸腾为止，再将刚刚烧好开水迅速倒入容器中，开水量以淹没水蛭 5 厘米为宜，5 分钟左右水蛭基本上就会被烫死，如果第一次没烫死，可将没死的另烫一次。

将烫死的水蛭捞出，用清水洗一遍，放在干净的地方将其晾晒，2～3 天就可以晒干。这是就可以上市出售了。要注意的是，用水烫法只要将水蛭烫死即可，时间不宜过长，否则会将水蛭烫熟烫烂就不好了。

六、石灰粉埋法

先将捕获的水蛭表面清洗干净，主要是清洗掉泥沙。将生石灰弄成粉状，不要有团块状出现，这时将处理好的水蛭埋入石灰中 20 分钟左右，由于石灰是强烈的碱性物质，对水蛭有毒害作用，当水蛭被埋后，很快就会中毒死亡，这时将水蛭连同身上的灰粉一起晒干或烘干，然后再筛去石灰粉就可以了。

七、草木灰法

如果手边没有石灰的话，可以将稻草烧一些就成了草木灰，再将水蛭埋入草木灰中，30 分钟后待水蛭死后，筛去草木灰，水洗后晾干，也是一种不错的加工方法。

八、烟埋法

先将捕获的水蛭表面清洗干净，主要是清洗掉泥沙。再将洗干净的水蛭埋入烟丝中约 30 分钟，这时水蛭就会慢慢死亡，再洗净晒干就可以了。

九、烘干法

这是需要专门的烘干设备才可以使用，先将捕获的水蛭表面清洗干净，主要是清洗掉泥沙，再将水蛭处死，然后采用低温（70℃）烘干技术烘干就可以了。

十、摊晾法

先将捕获的水蛭表面清洗干净，主要是清洗掉泥沙，再将水蛭处死，再在阴凉通风的地方事先摆放好清洁的竹竿、草帘、水泥板、木板等工具，将死水蛭平摊在这些工具上，自然晾干就可以了。

十一、明矾法

第一步准备好盆、缸等容器，量大的话可以放在水泥池里面，临时的可以用砖等砌成池状，然后铺上厚的塑料薄膜。

第二步是把捕获的水蛭集中在某个容器内，挑选完杂质、螺壳等物质后，集中放在容器里备用。

第三步是把水蛭放进准备好的容器内，注意不要一次放进去，要量少多次，边放要边撒明矾在水蛭上面，而且为了能够均匀要用棍棒时时搅动。掺入明矾和水蛭的比例为 1∶9。

第四步是待水蛭浸泡 48 小时以上后，选择有晴朗太阳的天气，集中出在水泥地平上面，注意不要撒的太厚，以不覆盖水蛭为准，否则不容易晒干。

第五步就是在摊晒的过程中，可以将水蛭翻动一次，最后晒干好收集起来就可以了。

十二、滑石粉法

先将捕获的水蛭表面清洗干净，主要是清洗掉泥沙，再将水蛭处死。再将滑石粉放在锅里炒热，把水蛭放入锅中，翻炒至稍鼓起时取出，筛出滑石粉，放凉即可。

十三、油炸法

先将捕获的水蛭表面清洗干净，主要是清洗掉泥沙，再将水蛭处死。把水蛭放入猪油锅内，炸至焦黄色取出、干燥便是所需的中药饮片。

以上就是目前常见的水蛭加工方法，仅供各地养蛭朋友参考选用。

参 考 文 献

[1] 肖培根等. 药用动植物种养加工技术. 水蛭·僵蚕. 北京：中国中医药
    出版社，2000.
[2] 刘明山. 水蛭养殖技术. 北京：金盾出版社，2002.
[3] 任淑仙. 无脊椎动物学. 北京：北京大学出版社，1991.